生物化学和分子生物学实验

主　编　崔喜艳　张　宁

副主编　王旺田　李艳丽　吴　雷　唐　勋

编　委（按姓氏拼音排序）

崔喜艳　郜　原　金周雨　李艳丽　李雨婷

刘　欣　刘秀明　龙国徽　苏瑛杰　唐　勋

王　岩　王法微　王旺田　吴　雷　杨　晶

杨　雪　张　宁　张海朋　周　莹

中国教育出版传媒集团

高等教育出版社·北京

内容简介

本书全面介绍了生物化学和分子生物学实验的基本理论及其技术，共选编39个实验项目，内容涉及氨基酸、蛋白质、酶、维生素、糖类、脂质和核酸，所有实验均附注意事项、实践应用和思考与探索，以提高学生分析问题和解决问题的能力。配套的数字课程内容包括生化分离制备的特点和原理、生物大分子的分离制备，并对生物化学和分子生物学常用的实验技术进行了系统和全面的介绍。

本书适于高等农林院校植物生产类及生物科学类本科生教学使用，也可作为研究生及有关科研人员的参考书。

图书在版编目（CIP）数据

生物化学和分子生物学实验 / 崔喜艳，张宁主编 . -- 北京：高等教育出版社，2023.1

ISBN 978-7-04-059552-9

Ⅰ. ①生… Ⅱ. ①崔… ②张… Ⅲ. ①生物化学 - 实验 - 高等学校 - 教材②分子生物学 - 实验 - 高等学校 - 教材 Ⅳ. ① Q5-33 ② Q7-33

中国版本图书馆 CIP 数据核字（2022）第 221161 号

Shengwuhuaxue he Fenzishengwuxue Shiyan

策划编辑　郝真真　　责任编辑　郝真真　　封面设计　李小璐　　责任印制　刘思涵

出版发行　高等教育出版社
社　　址　北京市西城区德外大街4号
邮政编码　100120
印　　刷　北京汇林印务有限公司
开　　本　850mm×1168mm　1/16
印　　张　8.25
字　　数　220千字
购书热线　010-58581118
咨询电话　400-810-0598
网　　址　http://www.hep.edu.cn
　　　　　http://www.hep.com.cn
网上订购　http://www.hepmall.com.cn
　　　　　http://www.hepmall.com
　　　　　http://www.hepmall.cn
版　　次　2023年1月第1版
印　　次　2023年1月第1次印刷
定　　价　22.00元

本书如有缺页、倒页、脱页等质量问题，请到所购图书销售部门联系调换

物 料 号　59552-00

数字课程（基础版）

生物化学和分子生物学实验

主编　崔喜艳　张　宁

登录方法：

1. 电脑访问 http://abook.hep.com.cn/59552，或手机扫描下方二维码、下载并安装 Abook 应用。
2. 注册并登录，进入“我的课程”。
3. 输入封底数字课程账号（20 位密码，刮开涂层可见），或通过 Abook 应用扫描封底数字课程账号二维码，完成课程绑定。
4. 点击“进入学习”，开始本数字课程的学习。

课程绑定后一年为数字课程使用有效期。如有使用问题，请点击页面右下方的“自动答疑”按钮。

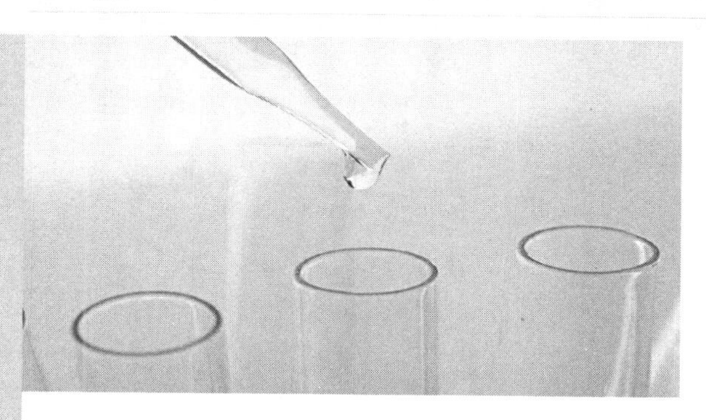

生物化学和分子生物学实验

生物化学和分子生物学实验数字课程与纸质教材配套使用，是纸质教材的补充和延伸。数字课程内容包括生化分离制备的特点和原理、生物大分子的分离制备，以及生物化学和分子生物学常用实验技术等，为学生实验前巩固和掌握理论知识，明确实验目的有很大的帮助，也可供自学者了解和学习相关实验知识提供参考。

用户名：　密码：　验证码：　5360　忘记密码？　登录　注册

http://abook.hep.com.cn/59552

扫描二维码，下载Abook应用

前　言

生物化学和分子生物学作为生命科学领域重要的基础学科，在生物学研究中起着举足轻重的作用。近年来，生物学及各相关学科在理论研究和应用研究方面均取得举世瞩目的成就，这些成就的取得与生物化学和分子生物学实验技术的发展密不可分。生物化学和分子生物学实验技术不仅是生物学研究者进行研究工作必不可少的手段，也是其他相关学科进行基础研究的重要工具。“生物化学和分子生物学实验”是各类院校生物学相关专业重要的专业基础实验课程，涉及本科生必须掌握的实验技能。本教材在高等教育出版社的策划下，由吉林农业大学和甘肃农业大学两所学校具有多年教学经验的教师合作，针对农林院校生物科学类、植物生产类相关专业人才培养的特点精心编写而成。

为了使学生掌握生物化学和分子生物学基本实验技术，巩固生物化学和分子生物学理论知识，结合农林院校的实际特点，本教材重点对生物材料的提取、离心、浓缩、透析、电泳、层析以及生物化学和分子生物学相关的基础实验技能进行阐述，实验项目涵盖氨基酸、蛋白质、酶、维生素、糖类、脂质和核酸的基础实验，每个实验内容包括目的与原理、实验材料与主要耗材、仪器与设备、试剂与溶液配制、实验步骤、注意事项、实践应用、思考与探索八个部分。附录中列出了实验室安全知识及实验注意事项、常用缓冲液的配制、核酸电泳相关试剂及缓冲液的配制、蛋白质电泳相关试剂及缓冲液的配制、硫酸铵溶液饱和度计算表等内容。

参加本教材编写的编者包括：吉林农业大学崔喜艳、李艳丽、吴雷、王岩、周莹、刘欣、龙国徽、杨雪、李雨婷、金周雨、苏瑛杰、杨晶、王法微、张海朋和刘秀明，甘肃农业大学张宁、王旺田、唐勋和郜原。

本教材在编写过程中，参阅了众多书籍，在此表示诚挚的感谢。由于编者水平有限，书中难免存在缺点和错误，敬请读者在使用过程中给予指正，以便今后补充修订。

崔喜艳　张　宁

2022 年 9 月

目　　录

第一章　氨基酸的分析与测定

实验 1　氨基酸纸层析分析

【目的与原理】

1. 目的

掌握氨基酸纸层析分析的一般原理和操作技术。

2. 原理

纸层析属于分配层析的一种，以滤纸作为支持物。滤纸作为一种多孔物质，其纤维素与水有较强的亲和力（纤维素上的羟基与水以氢键相连），可以吸附大量水分（一般可达滤纸质量的 22% 左右），使水的扩散作用降低，形成固定相（极性）。有机溶剂与纤维素亲和力很弱，可以在滤纸的毛细管中自由流动，形成流动相（非极性）。由于各种物质极性不同，则在两相间的分配系数不同，移动速率也不同。分配系数（α）是指一种溶质在两种不相容的溶剂中溶解达到饱和时，该溶质在两种溶剂中的浓度比：

$$\alpha=\frac{溶质在固定相中的浓度}{溶质在流动相中的浓度}$$

在恒定条件（如层析溶剂、展层剂浓度、pH 等）下，分配系数是一个常数。层析溶剂一般由水和有机溶剂组成。分配层析就是利用各种物质的分配系数不同而达到分离目的。

在纸层析中，溶质的移动速率 R_f 的大小主要取决于溶质的分配系数，分配系数大的成分移动速率慢，所以它的 R_f 也低；反之，分配系数小的成分 R_f 较高。因为每种物质在一定条件下对一定的溶剂系统分配系数是一定的，所以 R_f 也是一定值，可根据测出的 R_f 来判断层析分离的各种成分。

【实验材料与主要耗材】

1. 实验材料

马铃薯或其他植物材料。

2. 主要耗材

白手套 ×2，层析滤纸（10 cm×20 cm）×1，微量注射器 ×5，研钵 ×1，铅笔 ×1，直尺 ×1，针线 ×1。

【仪器与设备】

层析缸及培养皿，吹风机，恒温箱，喉头喷雾器，台秤。

【试剂与溶液配制】

1. 试剂

氨基酸标准品（组氨酸、缬氨酸、甘氨酸、亮氨酸），异丙醇，水合茚三酮，丙酮，甲酸，无水乙酸，正丁醇，95% 乙醇，80% 乙醇。

2. 溶液配制

（1）0.01 mol/L 氨基酸标准溶液　用 10% 异丙醇配制，各种氨基酸的浓度分别为 0.01 mol/L。

（2）显色剂　即 2.5 g/L 水合茚三酮 – 丙酮溶液。称取 0.25 g 水合茚三酮，用丙酮溶解，定容于 100 mL 容量瓶中。

（3）展层剂（两种）

A. 甲酸：正丁醇：水 = 3：1.5：2（体积比）；

B. 正丁醇：95% 乙醇：无水乙酸：水 = 4：1：1：2（体积比）。

【实验步骤】

1. 氨基酸提取

称取实验材料 2.5 ~ 3.0 g，研碎，加入 5 ~ 10 mL 80% 乙醇，研磨成匀浆，振荡浸提 10 min，过滤，取上清液备用。

2. 滤纸准备

用铅笔在距层析滤纸底部 1.5 cm 处轻轻画一横线，在此横线上分出 5 个等距的点，在点下分别标出对应点样的样品名称。

3. 点样

用微量注射器点样，每个样点约 4 μL，直径 2 ~ 3 mm。每点一次用吹风机吹干后，再点第 2 次（重复 4 ~ 5 次），点样如图 1–1 所示。

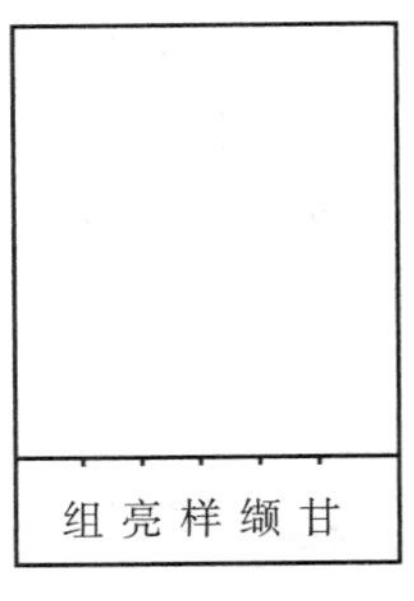

图 1–1　滤纸及点样

点好样后，用针线将滤纸缝成圆筒，悬挂在层析缸中（图 1–2），层析缸底部加入适量展层剂，平衡 30 min，层析缸密封。

步骤 2 和步骤 3 需要戴手套操作，以免污染滤纸。

4. 层析

将平衡好的滤纸，放入层析缸底部接触展层剂液面，展层剂不可浸没样点。当展层剂到达滤纸顶部边缘约 0.5 cm 处时，停止层析（层析时间约 3 h），然后取出层析滤纸，标好展层剂的前沿，放入恒温箱中，于 45℃烘干。

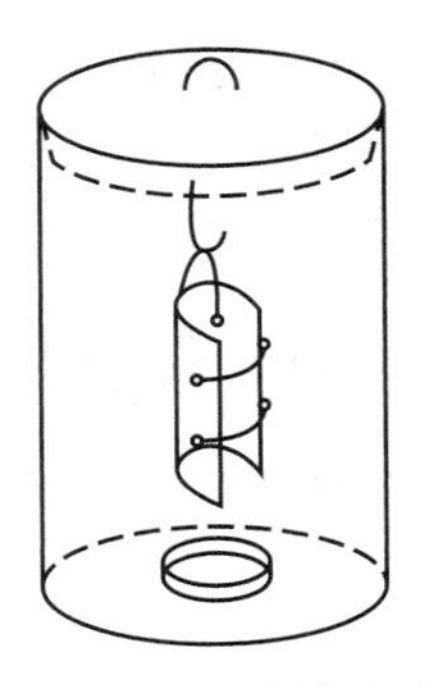
图 1–2　滤纸缝制及平衡

5. 显色

将烘干的滤纸用喉头喷雾器喷洒 2.5 g/L 水合茚三酮 – 丙酮溶液，必须要喷均匀，不能过多。放入 60 ~ 65℃恒温箱中烘干，即可观察到氨基酸斑点。

6. 计算

根据各氨基酸斑点在滤纸上的移动速率（R_f）来判断样品中可能含有的氨基酸种类。R_f 按下式计算：

$$R_f=\frac{\text{原点到层析斑点中心的距离}(r)}{\text{原点到展层剂前沿的距离}(R)}$$

根据已知氨基酸标准品的 R_f，与材料提取液中氨基酸的 R_f 比较，确定提取液中含有哪些种类的氨基酸。

【注意事项】

纸层析法所用的滤纸应是厚度适当、质地均一的产品，而且应尽量少含钙、镁、铜、铁等金属离子。在操作时还应注意不要将滤纸污染，尽量保持干净、无污点，需要戴干净手套进行操作。

【实践应用】

纸层析法通常可用于叶绿素的色素成分检验、氨基酸的鉴定及测定、橘皮精油成分检验及一些特定细胞筛查等实验。

【思考与探索】

1. 在点样前需要对滤纸做何处理?
2. 在纸层析中，支持物、固定相、流动相分别是什么物质?

实验 2　氨基酸纤维素薄层层析

【目的与原理】

1. 目的

学习纤维素薄层层析的操作方法，掌握分配层析的原理。

2. 原理

薄层层析法是将吸附剂均匀地涂布在玻璃板上，形成薄层作为固定相，再把样品点在薄层板上，点样的位置靠近薄层板的一端。然后把薄层板的点样端浸入适当的展层剂中，使展层剂在薄层板上扩散移动，使样品中各组分分离开来（展层）。根据分离的原理不同，薄层层析可以分成两类：用吸附剂（氧化铝或硅胶）铺成的薄层所进行的层析为吸附薄层层析；用纤维素粉、硅胶、硅藻土为吸附剂铺成的薄层，属于分配薄层层析。由于薄层层析的操作简便、快速、灵敏、分离效果好，所以应用广泛。

纤维素是一种惰性支持物，它与水有较强的亲和力，而与有机溶剂亲和力较弱。以纤维素作为支持物，把它均匀地涂布在玻璃板上，形成一薄层，然后在此薄层上进行层析即为纤维素薄层层析。层析时附着在纤维素上的水是固定相，而展层溶剂是流动相。当欲被分离的各种物质在固定相和流动相中的分配系数不同时，它们就能被分离开。

【实验材料与主要耗材】

1. 实验材料

萌发的小麦种子或绿豆芽。

2. 主要耗材

白手套 ×2，玻璃板（5 cm×20 cm）×1，研钵 ×2，微量注射器 ×5，离心管 ×2，滴管 ×1，铅笔 ×1，直尺 ×1，刀片 ×1。

【仪器与设备】

层析缸及培养皿，吹风机，恒温箱，台秤，喉头喷雾器，离心机。

【试剂与溶液配制】

1. 试剂

氨基酸标准品（组氨酸、谷氨酸、丙氨酸、缬氨酸、丝氨酸、甘氨酸、脯氨酸、亮氨酸），纤维素粉，羧甲基纤维素钠，石英砂，异丙醇，水合茚三酮，丙酮，甲酸，正丁醇，95% 乙醇，无水乙酸。

2. 溶液配制

（1）0.01 mol/L 氨基酸标准溶液　用 10% 异丙醇配制，各种氨基酸的浓度分别为 0.01 mol/L。

（2）显色剂　2.5 g/L 水合茚三酮－丙酮溶液。称取 0.25 g 水合茚三酮，用丙酮溶解，定容于 100 mL 容量瓶中。

（3）展层剂（两种）

A. 甲酸：正丁醇：水＝3：1.5：2（体积比）；

B. 正丁醇：95% 乙醇：无水乙酸：水＝4：1：1：2（体积比）。

【实验步骤】

1. 氨基酸提取

取已萌发好的小麦种子 2 g（或绿豆芽下胚轴 2 g），放入研钵中，加 95% 乙醇 4 mL 及少量的石英砂，研成匀浆后，倒入离心管中，于 3 000 r/min 离心 15 min，上清液即为氨基酸提取液，用滴管小心将提取液移入样品瓶中，备用。

2. 制板

取少量羧甲基纤维素钠（约 12 mg），于研钵中充分研磨，再称取纤维素粉 3 g 加入研钵，继续研磨，加入 14 mL 水研磨成匀浆，将纤维素匀浆倒在洗净烘干的玻璃板上，轻轻振动，使纤维素均匀分布在玻璃板上，水平放置并风干。用前放入 100～110℃恒温箱中活化 30 min（此处羧甲基纤维素钠起黏合剂作用，它可使纤维素粉较牢固地黏附于玻璃板上，加入量过多，则会破坏纤维素薄层的毛细作用而使层析速率延缓；反之，加入量过少，则黏合不牢固，因此需要注意加量控制）。

3. 点样

用刀片将薄层板上薄层的左、右两侧各刮去 0.5 cm，以防止“边缘效应”。在纤维素薄层板上距一端 1.5 cm 处，用铅笔轻轻画出点样记号（氨基酸标准品和待测氨基酸样品在同一薄层板上）。样点间距离控制在 1.3 cm 左右。用微量注射器吸取样品，在记号处点样，样品斑点直径控制在 0.2 cm 左右。

4. 展层

将薄层板点有样品的一端浸入已存放展层剂的层析缸中，展层剂液面不得高于样品线。待展层剂迁移到距薄层板顶端 0.5 ~ 1 cm 处（展层时间 1 ~ 2 h），取出薄层板，用铅笔在展层剂前沿处作一记号后，用吹风机吹干。

5. 显色

用喉头喷雾器将水合茚三酮 – 丙酮溶液均匀喷涂到薄层板上，再用吹风机吹干（或置于 70 ~ 80℃恒温箱中烘干），即可观察到氨基酸斑点。

6. 计算

用铅笔圈出氨基酸斑点，计算各氨基酸的迁移速率（R_f）。在恒定条件下，每种氨基酸有其一定的 R_f，R_f 按下式计算：

$$R_f = \frac{原点到层析斑点中心的距离（r）}{原点到展层剂前沿的距离（R）}$$

根据已知氨基酸标准品的 R_f，与材料提取液中氨基酸的 R_f 比较，确定提取液中含有哪些种类的氨基酸。

【注意事项】

1. 在操作过程中，手必须戴手套，只能接触薄层板上层边角，不能对着薄层板说话，以防唾液落在板上。

2. 配制展层剂时，应现用现配，以免放置过久致其成分发生酯化。

【实践应用】

薄层层析技术也称薄层色谱（TLC），其图谱以彩色图像呈现，直观、易于辨认；应用广泛，为多国药典用于植物药的鉴别；色谱可供多层次分析，制成的图像可长期保留；可利用不同参数进行多次分析计算，不必重复分离。

薄层色谱在中药质量控制中的主要应用包括鉴别、半定量评估、化合物定量分析。在没有任何化学对照品的情况下，对比薄层层析板上相同位置斑点颜色，能够很容易地鉴别不同药材。半定量评估包括过程控制、稳定性测试、限量检查三个方面。利用高效薄层色谱指纹图谱，通过比较斑点数目、顺序和相对强度（或光密度扫描产生的峰）可以完成原料生产的过程控制，且可以用鉴定过的原料或有独立规范的成品作为参比物。稳定性测试是高效薄层色谱比较新的一个应用，用以确定提取物和成品的保质期，即确认产品在规定时间内能否保持稳定。限量检查是指供试品溶液色谱中待检查的斑点应与对应的对照品溶液或系列对照品溶液的相应斑点比较，颜色（或荧光）不得更深。或依照薄层色谱扫描法操作，峰面积值不得大于对照品的峰面积值。必要时应规定检查的斑点数和限量值。化合物定量分析对薄层色谱来说是最高要求。由于受到该技术分离能力的限制，像植物材料这样的复杂样品对其所有组分往往不能实现基线分离，因而大多数分析采用高效薄层色谱。

薄层色谱方法标准操作规程：薄层色谱是一开放体系，环境因素对色谱层析效果影响很大。而薄层色谱实验过程各单元独立，实验人员参与的步骤操作多，因此不同人的操作技巧会明显地影响色谱质量。同一份样品，往往在不同人或不同实验室得出完全不同的结果，这就要求必须建立薄层色谱标准操作规程。薄层色谱的标准操作规程包括以下方面：代表性样品的收集；薄层色谱条件的确立；样品提取与前处理、点样、饱和、展层剂、不同品牌薄层板、温度、湿度、耐用性的考察；薄层板标注、文件名称标注、图谱输出等。其中展层剂的选择和优化属关键环节。

【思考与探索】

1. 什么是薄层层析？在纤维素薄层层析中，固定相和流动相各是什么？
2. 薄层层析中极性氨基酸与非极性氨基酸展层的速率哪种快一些？
3. 何为“边缘效应”？如何减轻或消除此效应？
4. 薄层层析时为什么会出现样品“拖尾”现象？

实验 3　植物组织中游离氨基酸总量的测定

【目的与原理】

1. 目的

掌握植物组织中游离氨基酸含量的测定方法。

2. 原理

氨基酸与茚三酮的反应分两步进行，第一步：氨基酸被氧化形成 CO_2、NH_3 和醛，茚三酮被还原成还原型茚三酮；第二步：所形成的还原型茚三酮与另一分子茚三酮和一分子氨脱水缩合生成二酮茚－二酮茚胺（Ruhemans 紫）。反应式如下：

$$\text{茚三酮} + R-\underset{NH_2}{\underset{|}{CH}}-COOH \longrightarrow \text{还原型茚三酮} + R-CHO + NH_3 + CO_2$$

$$\text{茚三酮} + NH_3 + \text{还原型茚三酮} \longrightarrow \text{Ruhemans 紫} + 3H_2O$$

Ruhemans 紫的吸收峰在 570 nm，而且在一定浓度范围内吸光度与氨基酸浓度成正比。因此，可用分光光度法测定其含量。

【实验材料与主要耗材】

1. 实验材料

各种植物组织。

2. 主要耗材

研钵 ×1，100 mL 容量瓶 ×1，20 mL 具塞刻度试管 ×7，刻度移液管（0.1 mL×1、1 mL×2、2 mL×1、5 mL×2），三角瓶 ×1，试管架 ×1，剪刀 ×1，1 cm 光径比色皿 ×7，普通滤纸若干。

【仪器与设备】

分析天平或台秤，可见分光光度计，恒温水浴锅。

【试剂与溶液配制】

1. 试剂

水合茚三酮，正丙醇，乙二醇，乙酸钠，无水乙酸，亮氨酸，异丙醇，抗坏血酸，36%乙酸，乙醇，正丁醇。

2. 溶液配制

（1）水合茚三酮试剂　称取 0.6 g 再结晶的水合茚三酮置于烧杯中，加入 15 mL 正丙醇，搅拌使其溶解。再加入 30 mL 正丁醇及 60 mL 乙二醇，最后加入 9 mL pH 5.4 的乙酸－乙酸钠缓冲液，混匀，贮于棕色瓶，置 4℃下保存备用，当日有效。

（2）乙酸－乙酸钠缓冲液（pH 5.4）　称取乙酸钠 54.4 g 加入 100 mL 无氨蒸馏水，在电炉上加热至沸腾，使体积蒸发至 60 mL 左右。冷却后转入 100 mL 容量瓶中加 30 mL 无水乙酸，再用无氨蒸馏水定容至 100 mL。

（3）氨基酸标准溶液　称取 80℃下烘干的亮氨酸 46.8 mg，溶于少量 10%异丙醇中，用 10%异丙醇定容至 100 mL。取该溶液 5 mL，用蒸馏水稀释至 50 mL，即为含氨基氮 5 μg/mL 的氨基酸标准溶液。

（4）1 g/L 抗坏血酸溶液　称取 50 mg 抗坏血酸，溶于 50 mL 无氨蒸馏水中，随配随用。

（5）10%乙酸　10 mL 36% 乙酸加水稀释至 36 mL 即可。

【实验步骤】

1. 样品制备

取新鲜植物样品，洗净、擦干并剪碎、混匀后，迅速称取 0.5～1.0 g，于研钵中加入 5 mL 10%乙酸，研磨匀浆后，用蒸馏水定容至 100 mL。混匀，并用干滤纸过滤到三角瓶中备用。

2. 氨基酸标准曲线制作

取 6 支 20 mL 具塞刻度试管，按表 3–1 操作。

表 3–1　氨基酸标准曲线制作

管号	1	2	3	4	5	6
氨基酸标准溶液 /mL	0	0.2	0.4	0.6	0.8	1.0
无氨蒸馏水 /mL	2.0	1.8	1.6	1.4	1.2	1.0
水合茚三酮试剂 /mL	3.0	3.0	3.0	3.0	3.0	3.0
1 g · L^{-1} 抗坏血酸溶液 /mL	0.1	0.1	0.1	0.1	0.1	0.1
含氮量 /μg	0	1	2	3	4	5

加完试剂后混匀，盖上玻璃塞，并在玻璃塞与试管口之间留一缝隙，置沸水中加热

15 min，取出后置试管架上，用冷水迅速冷却并不时摇动，使加热时形成的红色被空气逐渐氧化而褪去，当溶液呈现蓝紫色时，用60%乙醇定容至20 mL。混匀后用1 cm光径比色皿于570 nm波长下测定吸光度，以吸光度为纵坐标，以含氮量为横坐标，绘制氨基酸标准曲线。

3. 样品测定

样品测定应与标准品测定同步进行。吸取样品滤液1.0 mL，放入20 mL具塞刻度试管中，加无氨蒸馏水1.0 mL，其他步骤与制作氨基酸标准曲线相同。根据样品吸光度在氨基酸标准曲线上查得含氮量。

4. 计算

按下式计算样品中氨基氮的含量（μg/g）：

$$\text{样品中氨基氮含量} = \frac{m_0 V_T}{m V_S}$$

式中，m_0为从氨基酸标准曲线上查得的氨基氮含量（μg）；V_T为样品稀释总体积（mL）；V_S为测定时样品体积（mL）；m为样品鲜重（g）。

【注意事项】

1. 茚三酮与氨基酸反应所生成的Ruhemans紫在1 h内保持稳定，故稀释后尽快比色。

2. 空气中的氧是干扰显色反应的第一步。以抗坏血酸为还原剂，可提高反应的灵敏度，并使颜色稳定。但由于抗坏血酸也可与茚三酮反应，使溶液颜色过深，故应严格掌握加入抗坏血酸的量。

3. 反应温度影响显色稳定性，超过80℃，溶液易褪色；可在80℃水浴中加热，并适当延长反应时间，效果良好。

4. 谷物籽粒等含蛋白质的样品可用酸水解法将蛋白质水解后，用本法测定水解液中的氨基酸含量，可计算出样品蛋白质含量。

【实践应用】

氨基酸是组成蛋白质的基本单位，也是蛋白质的降解产物。植物根系吸收、同化的氮素主要以氨基酸和酰胺的形式进行运输。所以，测定植物组织中不同时期、不同部位游离氨基酸的含量对于研究根系生理、氮素代谢有一定意义。

【思考与探索】

1. 茚三酮与所有氨基酸的反应产物颜色都相同吗？

2. 抗坏血酸在游离氨基酸含量测定中的作用是什么？

实验 4　谷物种子赖氨酸含量的测定

【目的与原理】

1. 目的

（1）掌握茚三酮比色法测定谷物样品中赖氨酸含量的原理和方法。

（2）了解可见分光光度计的使用方法和谷物中赖氨酸含量测定的意义。

2. 原理

多肽链上除 N 端外，仅赖氨酸残基上具有一个游离的 ε–NH_2，它与茚三酮发生显色反应呈蓝紫色，在波长 570 nm 处产物颜色的深浅在一定范围内与赖氨酸残基的含量成正比。

游离的赖氨酸含有两个氨基，蛋白质中的赖氨酸残基只含有一个氨基，采用赖氨酸制作氨基酸标准曲线误差较大。游离的亮氨酸与赖氨酸的碳原子数目相同，它仅有一个氨基（α–NH_2）相当于蛋白质中赖氨酸残基上的 ε–NH_2，因而可以用亮氨酸制作氨基酸标准曲线来测定蛋白质中赖氨酸的含量。但计算浓度时必须乘上两种氨基酸的相对分子质量之比（赖氨酸与亮氨酸相对分子质量之比为 1.115 : 1）。

【实验材料与主要耗材】

1. 实验材料

玉米粉。

2. 主要耗材

25 mL 具塞刻度试管 ×25，刻度移液管（2 mL×1、5 mL×2），50 mL 量筒 ×1，1 cm 光径比色皿 ×24，试管架 ×1，漏斗 ×24。

【仪器与设备】

可见分光光度计，分析天平或台秤，恒温水浴锅，离心机。

【试剂与溶液配制】

1. 试剂

茚三酮，95% 乙醇，0.1 mol/L 柠檬酸缓冲液（pH 5.6），亮氨酸，柠檬酸，柠檬酸钠。

2. 溶液配制

（1）茚三酮溶液　称取 0.25 g 茚三酮，溶于 50 mL 95% 乙醇，再加入 50 mL 0.1 mol/L pH 5.6 的柠檬酸缓冲液，充分混匀，置 4℃冰箱保存备用，当天有效。

（2）亮氨酸标准溶液　准确称取 100 mg 亮氨酸标准品，用蒸馏水溶解并定容至 100 mL，使其浓度为 1.0 mg/mL。

（3）0.1 mol/L 柠檬酸缓冲液

A 液（0.1 mol/L 柠檬酸溶液）　称取 $C_6H_8O_7 \cdot H_2O$ 21.01 g，用蒸馏水溶解并定容至 1 L；

B 液（0.1 mol/L 柠檬酸钠溶液）　称取 $Na_3C_6H_5O_7 \cdot 2H_2O$ 29.41 g，用蒸馏水溶解并定容至 1 L；

55 mL A 液 + 145 mL B 液，混合后摇匀即为 0.1 mol/L 柠檬酸缓冲液（pH 5.6）。

【实验步骤】

1. 样品制备

称取玉米粉 1.0 g 放入具塞刻度试管中，加入 20 mL 蒸馏水，摇匀。置于 80℃恒温水浴中提取 10 min（期间需要多次摇匀）。冷却后，将提取液过滤，或 5 000 r/min 离心 5 min，收集滤液或上清液作为待测样。

2. 亮氨酸标准曲线制作

取 18 支 25 mL 具塞刻度试管，分 6 组根据表 4–1 加入试剂（每组 3 次重复），充分混匀后置于沸水浴中加热 10 min，取出后流水中冷却，期间不断摇匀。当溶液呈现蓝紫色时用 1 cm 光径比色皿于 570 nm 波长下测定吸光度，以吸光度为纵坐标，以亮氨酸含量为横坐标，绘制亮氨酸标准曲线。

表 4–1　亮氨酸标准曲线制作

管号	1	2	3	4	5	6
亮氨酸标准溶液 /mL	0	0.5	1.0	1.5	2.0	2.5
无氨蒸馏水 /mL	3.0	2.5	2.0	1.5	1.0	0.5
茚三酮溶液 /mL	2.0	2.0	2.0	2.0	2.0	2.0

3. 样品测定

对照管和测定管各 3 次重复，共 6 支刻度试管，按表 4–2 所示顺序操作。

表 4–2　样品中赖氨酸含量测定

管号	对照管	测定管
滤液或上清液 /mL	0	3.0
无氨蒸馏水 /mL	3.0	0
茚三酮溶液 /mL	2.0	2.0

反应液混合均匀，充分混匀后置于沸水浴中加热 10 min，取出后流水中冷却，其间不断摇匀。当溶液呈现蓝紫色时用 1 cm 光径比色皿于 570 nm 波长下测定吸光度。

4. 计算

按下式计算样品中赖氨酸的含量：

$$\text{赖氨酸的含量} = \frac{m_0 V_T F}{10^3 m V_S} \times 100\%$$

式中，m_0 为从亮氨酸标准曲线上查得的亮氨酸含量（mg）；V_T 为样品提取液总体积（mL）；V_S 为测定时样品体积（mL）；m 为样品鲜重（g）；F 为校对系数 1.115；10^3 为样品质量单位换算系数。

【注意事项】

1. 茚三酮与氨基酸反应所生成的蓝紫色化合物不稳定，因此反应显色后应尽快比色。

2. 反应温度影响显色稳定性，超过80℃，溶液易褪色；沸水浴可改为80℃水浴，并适当延长反应时间，效果更好。

3. 计算结果需要减去游离氨基酸含量，根据文献报道，玉米种子中游离氨基酸含量约为0.01%。

【实践应用】

赖氨酸是人体的必需氨基酸之一，缺乏赖氨酸的儿童将发育不良。谷物中赖氨酸的含量普遍较低，且谷物在贮藏和加工过程中赖氨酸游离 ε-NH_2 容易被氧化或者发生脱氨基。因此，赖氨酸含量是衡量谷物品质的重要指标，高赖氨酸的谷物品种也是新品种培育的目标。

【思考与探索】

1. 本实验为什么用亮氨酸制作氨基酸标准曲线，校对系数是怎么来的？
2. 游离氨基酸含量测定与蛋白质中赖氨酸含量测定的区别是什么？
3. 用80℃恒温水浴处理玉米粉混悬液的目的是什么？

第二章　蛋白质的提取、分离与测定

实验 5　植物组织可溶性蛋白质含量的测定

【目的与原理】

1. 目的

（1）掌握考马斯亮蓝 G–250 染色法测定可溶性蛋白质含量的原理与方法。

（2）了解蛋白质标准曲线的制作过程及利用蛋白质标准曲线求物质中蛋白质含量的方法。

2. 原理

本方法采用考马斯亮蓝 G–250（Coomassie brilliant blue G–250，CBB–G–250）作为染色物质。CBB–G–250 在游离状态下呈红色，当它与蛋白质结合后变为青色，前者最大光吸收在 465 nm，后者在 595 nm。在一定的蛋白质浓度范围内（0 ~ 1 000 μg/mL），蛋白质 – 色素结合物在 595 nm 波长下的吸光度与蛋白质含量成正比，故可用于蛋白质的含量测定。

该方法快速、重复性好、干扰因素少，CBB–G–250 在 2 min 内即可完全与蛋白质结合，并在 1 h 内保持稳定，该反应几乎不受钠、钾等阳离子干扰，更不受蔗糖等糖类的干扰。但较高浓度的十二烷基硫酸钠、Triton X–100 等对其有干扰，此影响可通过选择适当的对照来消除。

【实验材料与主要耗材】

1. 实验材料

植物材料（如马铃薯或绿豆芽等）。

2. 主要耗材

15 mL 离心管 ×2，试管 ×9，研钵 ×1，刻度移液管（1 mL × 1、5 mL × 2），比色皿 ×7。

【仪器与设备】

可见分光光度计，离心机，分析天平。

【试剂与溶液配制】

1. 试剂

牛血清白蛋白，CBB–G–250，乙醇，磷酸。

2. 溶液配制

（1）蛋白质标准溶液（100 μg/mL 牛血清白蛋白溶液）　称取牛血清白蛋白 25 mg，加水溶解并定容至 100 mL，吸取上述溶液 40 mL，用蒸馏水稀释至 100 mL 即可。

（2）CBB–G–250 试剂　称取 100 mg CBB–G–250，溶于 50 mL 90 % 乙醇中，加入

100 mL 0.85 g/mL 磷酸溶液，再用蒸馏水定容至 1 000 mL，过滤后贮于棕色瓶中。常温下可保存一个月。

【实验步骤】

1. 蛋白质标准曲线制作

取 6 支试管，按表 5–1 加入试剂，摇匀，向各管中加入 5 mL CBB–G–250 试剂，摇匀，并放置 5 min 左右，以 1 号试管为空白对照，在 595 nm 下比色测定吸光度。以蛋白质含量为横坐标，吸光度为纵坐标，绘制蛋白质标准曲线。

表 5–1　蛋白质标准曲线制作

管号	1	2	3	4	5	6
蛋白质标准溶液 /mL	0	0.20	0.40	0.60	0.80	1.00
蒸馏水 /mL	1.00	0.80	0.60	0.40	0.20	0
CBB–G–250 试剂 /mL	5	5	5	5	5	5
蛋白质含量 /μg	0	20	40	60	80	100

2. 样品提取与测定

（1）样品提取　称取鲜样 1.0 ~ 2.0 g，用 5 mL 蒸馏水研磨成匀浆后，于 3 000 r/min 离心 10 min，取上清液定容至 10 mL，备用。

（2）样品测定　吸取样品提取液 1.0 mL（视蛋白质含量适当稀释），加入试管中（每个样品重复 3 次），加入 5 mL CBB–G–250 试剂，摇匀，放置 5 min 后，在 595 nm 下比色测定吸光度，并通过蛋白质标准曲线查得蛋白质含量。

3. 计算

按下式计算样品中蛋白质的含量（μg/g）：

$$样品蛋白质含量 = \frac{m_0 V_T}{m_1 V_S}$$

式中，m_0 为从蛋白质标准曲线上查得的蛋白质含量（μg）；V_T 为提取液总体积（mL）；m_1 为样品鲜重（g）；V_S 为测定时加样量（mL）。

【注意事项】

1. 使用离心机时注意质量配平。
2. 使用可见分光光度计要提前预热，并且进行仪器的校正。

【实践应用】

在农业生产中，常需要测定可溶性蛋白质含量的变化，指导相关的生产工作。

【思考与探索】

测定植物体内可溶性蛋白质含量有什么意义和用途？

实验 6　球蛋白的提取及含量的测定

【目的与原理】

1. 目的

（1）掌握盐析法的原理及其分离蛋白质的方法。

（2）学习分光光度技术的基本原理和分光光度法测定蛋白质含量的方法。

2. 原理

蛋白质是两性离子化合物，表面的电荷和水化膜是维持蛋白质亲水胶体特性的两个重要因素。蛋白质在溶液中的稳定性是有条件的、相对的。如果加入适当的试剂使蛋白质分子处于等电点状态或破坏其水化层和双电层，蛋白质胶体溶液就不再稳定并将产生沉淀。此现象即为蛋白质的沉淀作用。

在溶液中加入大量中性盐，以破坏蛋白质胶体的稳定性，而使蛋白质从水溶液中沉淀析出，称为盐析。各种蛋白质的亲水性及电荷性均有差别，因此不同蛋白质盐析所需要的中性盐浓度也不同，只要调节中性盐浓度，就可使混合蛋白质溶液中的几种蛋白质分散沉淀析出。常用的中性盐如硫酸铵、氯化钠、硫酸钠等。

白蛋白、球蛋白含量的测定，可采用紫外吸收法、双缩脲法和考马斯亮蓝 G-250 染色法。本实验采用考马斯亮蓝 G-250 染色法。

【实验材料与主要耗材】

1. 实验材料

血清或蛋清。

2. 主要耗材

15 mL 离心管 ×2，试管 ×8，刻度移液管（1 mL × 1、2 mL × 2、5 mL × 2），比色皿 ×7。

【仪器与设备】

可见分光光度计，离心机，分析天平。

【试剂与溶液配制】

1. 试剂

牛血清白蛋白，CBB-G-250，乙醇，磷酸，硫酸铵，浓氨水，磷酸氢二钠（Na_2HPO_4），磷酸二氢钠（NaH_2PO_4），氯化钠（NaCl）。

2. 溶液配制

（1）蛋白质标准溶液（100 μg/mL 牛血清白蛋白溶液）　称取牛血清白蛋白 25 mg，加水溶解并定容至 100 mL，吸取上述溶液 40 mL，用蒸馏水稀释至 100 mL 即可。

（2）CBB-G-250 试剂　称取 100 mg CBB-G-250，溶于 50 mL 90% 乙醇中，加入 100 mL 0.85 g/mL 磷酸溶液，再用蒸馏水定容至 1 000 mL，过滤后贮于棕色瓶中，常温下可保存一个月。

（3）饱和硫酸铵溶液　称取硫酸铵 800 g，加蒸馏水 1 000 mL，不断搅拌下加热至 50～60℃，并保持数分钟，趁热过滤，滤液在室温中过夜，有结晶析出，即达到饱和，使用时以浓氨水调 pH 至 7.0。

（4）0.01 mol/L 磷酸盐缓冲液（pH 7.0）

A 液（0.2 mol/L Na_2HPO_4 溶液）称取 $Na_2HPO_4 \cdot 2H_2O$ 35.61 g，用蒸馏水定容至 1 000 mL；

B 液（0.2 mol/L NaH_2PO_4 溶液）称取 $NaH_2PO_4 \cdot H_2O$ 27.6 g，用蒸馏水定容至 1 000 mL；

A 液 61.0 mL + B 液 39.0 mL，稀释至 200 mL，即为 0.1 mol/L 磷酸盐缓冲液（pH 7.0），用时稀释 10 倍。

（5）生理盐水（9 g/L NaCl 溶液）称取 0.9 g NaCl，溶于 100 mL 水中。

【实验步骤】

1. 蛋白质标准曲线的制作

取 6 支试管，按表 6-1 加入试剂，摇匀，向各管中加入 5 mL CBB-G-250 试剂，摇匀，并放置 5 min 左右，以 1 号试管为空白对照，在 595 nm 下比色测定吸光度。以蛋白质含量为横坐标，吸光度为纵坐标，绘制蛋白质标准曲线。

表 6-1　蛋白质标准曲线制作

管号	1	2	3	4	5	6
蛋白质标准溶液 /mL	0	0.20	0.40	0.60	0.80	1.00
生理盐水 /mL	1.00	0.80	0.60	0.40	0.20	0
CBB-G-250 试剂 /mL	5	5	5	5	5	5
蛋白质含量 /μg	0	20	40	60	80	100

2. 球蛋白的提取及测定

（1）球蛋白的提取　取血清 1 mL 于离心管中，加 0.01 mol/L 磷酸盐缓冲液（pH 7.0）1 mL，混匀；缓慢滴加饱和硫酸铵溶液 2 mL，混匀后静置 5 min，4 000 r/min 离心 10 min。弃上清液，沉淀为球蛋白，并溶于 2 mL 0.01 mol/L 磷酸盐缓冲液（pH 7.0）中。

或取 3× 蛋清 [用 0.01 mol/L 磷酸盐缓冲液（pH 7.0）稀释] 2 mL 作为实验材料。

（2）样品的稀释　测定血清总蛋白质含量时，血清进行 1 000 倍稀释；测定血清球蛋白含量时，提取的球蛋白溶液进行 250 倍稀释；测定蛋清总蛋白质含量时，3× 蛋清进行 250 倍稀释；测定蛋清球蛋白含量时，提取的球蛋白溶液进行 100 倍稀释。

（3）样品的测定　吸取各待测样品提取稀释液 1.0 mL，加入试管中，加入 5 mL CBB-G-250 试剂，摇匀，放置 5 min 后，以蛋白质标准曲线测定时的 1 号管为空白调零，在 595 nm 下比色，测定吸光度，并通过蛋白质标准曲线查得蛋白质含量。

3. 计算

按下式计算样品中总蛋白质含量（μg/mL）、目的蛋白质含量（μg/mL）和球蛋白含量（%）。

$$样品中总蛋白质含量 = \frac{m_0 \times 稀释倍数}{V_S}$$

式中，m_0 为从蛋白质标准曲线上查得的蛋白质含量（μg）；V_S 为测定时加样量（mL）。

$$目的蛋白质含量=\frac{m_0\times 稀释倍数\times 2}{V_S}$$

式中，m_0 为从蛋白质标准曲线上查得的蛋白质含量（μg）；V_S 为测定时加样量（mL）。

$$球蛋白含量=\frac{目的蛋白质含量}{样品中总蛋白质含量}\times 100\%$$

【注意事项】

1. 加入硫酸铵时，为了防止出现局部盐浓度过高引起变性，应该一边加一边用玻璃棒搅拌。

2. 由于高浓度的盐溶液对蛋白质有一定的保护作用，所以盐析操作一般可在室温下进行。而某些对热特别敏感的酶，则应在低温条件下进行。

3. 在盐析条件相同的情况下，蛋白质浓度越高越容易沉淀。但浓度过高容易引起其他杂蛋白的共沉淀作用。因此必须选择适当的蛋白质浓度。

【实践应用】

机体患某种疾病时，可有一种或几种免疫球蛋白明显升高或减低。因此，检测血清中免疫球蛋白的含量对于某些疾病的诊断和指导治疗有实际临床意义。

【思考与探索】

1. 蛋白质沉淀的方法主要有几种？

2. 盐析法沉淀蛋白质的原理是什么？

实验 7　蛋白质含量的测定——紫外吸收法

【目的与原理】

1. 目的

（1）掌握紫外吸收法测定植物组织中可溶性蛋白质含量的原理与方法，进一步掌握蛋白质标准曲线的测定及利用蛋白质标准曲线求物质含量的方法。

（2）了解测定组织中可溶性蛋白质含量的其他方法，了解紫外分光光度计构造和工作原理，掌握其使用方法。

2. 原理

紫外吸收法是以溶液中物质的分子或离子对紫外光谱区辐射能的选择性吸收为基础而建立起来的一种分析方法。

由于蛋白质分子中酪氨酸、色氨酸和苯丙氨酸残基的苯环含有共轭双键，在近紫外区范围内，酪氨酸的最大光吸收波长在 275 nm，苯丙氨酸在 257 nm，色氨酸在 280 nm，因此，蛋白质具有吸收紫外光的性质，最大光吸收波长在 280 nm。此波长处，蛋白质溶液的吸光度（A_{280}）与其含量成正比，符合朗伯－比尔定律，因此可用于定量分析。该法测定蛋白质的浓度范围为 0.1 ~ 1.0 mg/mL。

据初步统计，浓度为 1.0 mg/mL 的 1 800 种蛋白质及蛋白质亚基在 280 nm 处吸光度在 0.3～3.0，平均值为 1.25±0.51，所以此种方法测量的准确度差一点。若样品中含有嘌呤、嘧啶等其他吸收紫外光的物质，会出现较大的干扰。不同的蛋白质和核酸的紫外光吸收是不同的，即使经过校正，测定结果也存在一定的误差，但可作为初步定量的依据。

【实验材料与主要耗材】

1. 实验材料

植物材料（如马铃薯或辣椒等）。

2. 主要耗材

研钵 ×1，15 mL 离心管 ×2，试管 ×11，刻度移液管（1 mL×1、5 mL×1），1 cm 光径比色皿 ×9。

【仪器与设备】

紫外分光光度计，离心机，分析天平。

【试剂与溶液配制】

1. 试剂

牛血清白蛋白，磷酸氢二钠（Na_2HPO_4），磷酸二氢钠（NaH_2PO_4）。

2. 溶液配制

（1）0.1 mol/L 磷酸盐缓冲液（pH 7.0）

A 液（0.2 mol/L Na_2HPO_4 溶液）　称取 $Na_2HPO_4 \cdot 2H_2O$ 35.61 g，用蒸馏水定容至 1 000 mL；

B 液（0.2 mol/L NaH_2PO_4 溶液）　称取 $NaH_2PO_4 \cdot H_2O$ 27.6 g，用蒸馏水定容至 1 000 mL；

A 液 61.0 mL＋B 液 39.0 mL，稀释至 200 mL，即为 0.1 mol/L 磷酸盐缓冲液（pH 7.0）。

（2）蛋白质标准溶液（1 mg/mL 牛血清白蛋白溶液）　准确称取经微量凯氏定氮法校正的牛血清白蛋白 20 mg，加水定容至 20 mL，配制成浓度为 1 mg/mL 的蛋白质标准溶液。

【实验步骤】

1. 标准曲线法

（1）蛋白质标准曲线的制作　取 8 支试管，按表 7–1 操作。分别向每支试管加入各种试剂，摇匀。选用 1 cm 光径比色皿，在 280 nm 波长处分别测定各管溶液 A_{280} 值。以 A_{280} 值为纵坐标，蛋白质含量为横坐标，绘制蛋白质标准曲线。

（2）样品测定　称取新鲜的马铃薯样品 0.25～0.5 g，用 5 mL 蒸馏水研磨匀浆后，于 3 000 r/min 离心 10 min，吸取上清液备用。

表 7–1　蛋白质标准曲线制作

管号	1	2	3	4	5	6	7	8
蛋白质标准溶液 /mL	0	0.5	1.0	1.5	2.0	2.5	3.0	4.0
蒸馏水 /mL	4.0	3.5	3.0	2.5	2.0	1.5	1.0	0
蛋白质含量 /mg	0	0.125	0.250	0.375	0.500	0.625	0.750	1.000

取待测样品溶液 1 mL，加入蒸馏水 3 mL，摇匀，按上述方法在 280 nm 波长处测定吸光度，并从蛋白质标准曲线上查出待测蛋白质的含量。样品测定必须与标准品测定同步进行。

2. 利用紫外吸收原理的其他方法

（1）有嘌呤、嘧啶等核酸类干扰时的经验公式　若样品中含有嘌呤、嘧啶等核酸类吸收紫外光的物质，在 280 nm 处测定蛋白质含量时，会有较大的干扰。核酸在 260 nm 处的吸光度比 280 nm 更强，但蛋白质却恰恰相反，因此可利用 280 nm 及 260 nm 吸光度的差来计算蛋白质的含量。

取适量的样品提取液，根据蛋白质浓度，用 0.1 mol/L 磷酸盐缓冲液（pH 7.0）适当稀释后，用紫外分光光度计分别在 280 nm 和 260 nm 波长下读取吸光度，以 0.1 mol/L 磷酸盐缓冲液（pH 7.0）为空白调零，按下式计算蛋白质含量（mg/mL）。

$$\text{蛋白质含量} = 1.45A_{280} - 0.74A_{260}$$

式中，1.45 和 0.74 为校正值；A_{280} 为蛋白质溶液在 280 nm 处的吸光度；A_{260} 为蛋白质溶液在 260 nm 处的吸光度。

此外，也可先计算出 A_{280}/A_{260} 的值后，从表 7–2 查出校正因子 F，同时可查出样品中混杂核酸的含量，将 F 值代入，再由下述经验公式直接计算出该溶液的蛋白质含量（mg/mL）。

$$\text{蛋白质含量} = F \times A_{280} \times n$$

式中，F 为校正因子；A_{280} 为该溶液在 280 nm 处的吸光度；n 为溶液的稀释倍数。

（2）稀蛋白质溶液　对于稀蛋白质溶液还可用 215 nm 和 225 nm 吸光度的差来测定浓度。蛋白质的肽键在 200～250 nm 有强的紫外吸收。其吸光度在一定范围与含量成正比，

表 7–2　紫外吸收法测定蛋白质含量的校正因子

A_{280}/A_{260}	核酸 /%	校正因子 /F	A_{280}/A_{260}	核酸 /%	校正因子 /F
1.750	0.00	1.116	0.846	5.50	0.656
1.630	0.25	1.081	0.822	6.00	0.632
1.520	0.50	1.054	0.804	6.50	0.607
1.400	0.75	1.023	0.784	7.00	0.585
1.360	1.00	0.994	0.767	7.50	0.565
1.300	1.25	0.970	0.753	8.00	0.545
1.250	1.50	0.944	0.730	9.00	0.508
1.160	2.00	0.899	0.705	10.00	0.478
1.090	2.50	0.852	0.671	12.00	0.422
1.030	3.00	0.814	0.644	14.00	0.377
0.979	3.50	0.776	0.615	17.00	0.322
0.939	4.00	0.743	0.595	20.00	0.278
0.874	5.00	0.682			

注：一般纯蛋白质的吸光度比值（A_{280}/A_{260}）约为 1.8，而纯核酸的比值约为 0.5。

其波长越短，光吸收越强。若选用 215 nm，可减少干扰及光散射，用 215 nm 和 225 nm 吸光度的差值与单一波长测定相比，可减少非蛋白质成分引起的误差，因此，对稀溶液中蛋白质浓度测定，可选用 215 nm 和 225 nm 吸光度差法。从吸光度差 $\triangle A$ 与蛋白质标准曲线即可求出待测样品的蛋白质含量（mg/mL）。

$$\triangle A = 0.144 \times (A_{215} - A_{225})$$

式中，A_{215}、A_{225} 分别是蛋白质溶液在 215 nm 和 225 nm 波长处的吸光度。

此法在蛋白质含量为 20 ~ 100 μg/mL，是符合朗伯 – 比尔定律的。氯化钠、硫酸铵以及 0.1 mol/L 磷酸盐、硼酸和三羟甲基氨基甲烷等缓冲液都无显著干扰作用，但是 0.1 mol/L 乙酸、琥珀酸、邻苯二甲酸以及巴比妥等缓冲液在 215 nm 波长下的吸收较大，不能用于本方法，必须降至 0.005 mol/L 才无显著影响。由于蛋白质的紫外吸收常因 pH 的改变而有高低，故应用紫外吸收法时要注意溶液的 pH，尽量与蛋白质标准曲线制作时的 pH 一致。

【注意事项】

1. 使用离心机时，注意质量配平。
2. 使用紫外分光光度计要提前预热，并且进行仪器的校正。

【实践应用】

紫外吸收法简单、迅速，且较为准确，是测定低含量蛋白质样品的有效方法。许多实验利用这种方法进行测试，紫外吸收法与经典的凯氏定氮法进行对比后发现，两者得到的结果无显著性差异。目前，紫外吸收法被广泛应用于冶金、机械、化工、医疗卫生、临床检验、生物化学、环境保护、食品、材料科学等领域的生产、教学和科研工作中，特别适合对各种物质进行定量及定性分析。凡具有芳香环或共轭双键结构的有机化合物，根据在特定吸收波长处所测得的吸光度，可用于药品的鉴别、纯度检查及含量测定。分光光度法在分析领域中的应用已经有数十年的历史，至今仍是应用最广泛的分析方法之一。随着分光元器件及分光技术、检测器件与检测技术、大规模集成制造技术等的发展，以及单片机、微处理器、计算机和数字信息处理技术的广泛应用，分光光度计的性能指标不断提高，并向自动化、智能化、高速化和小型化等方向发展。

【思考与探索】

1. 紫外吸收法测定蛋白质含量的原理是什么？此法有哪些优点及缺点？
2. 蛋白质标准曲线制作和使用的注意事项有哪些？
3. 除了紫外吸收法外，还有哪些常见的蛋白质含量测定方法？
4. 紫外分光光度计的使用注意事项有哪些？

实验 8 粗蛋白质含量的测定——微量凯氏定氮法

【目的与原理】

1. 目的

（1）掌握微量凯氏定氮法的操作技术，包括标准硫酸铵含氮量的测定、未知样品的消化蒸馏、滴定及其含氮量的计算等。

（2）了解微量凯氏定氮法的基本原理。

2. 原理

植物体的总氮量包括蛋白质氮和非蛋白质氮两大类。组成蛋白质的氮称为蛋白质氮，其他化合物中的氮称为非蛋白质氮，主要是氨基酸和酰胺，以及未同化的无机氮等。它们都是小分子化合物，易溶于水，故也称为水溶性氮。植物体中的含氮化合物以有机氮为主，无机氮含量极少，除个别情况需要测定蛋白质氮的含量外，一般只需要测定粗蛋白质的含量（总氮量 ×6.25）即可说明问题。

待测样品与硫酸和催化剂一同加热消化，使蛋白质分解，分解的氨与硫酸结合生成硫酸铵 [$(NH_4)_2SO_4$]，然后碱化蒸馏使氨游离，用硼酸（H_3BO_3）吸收后再用盐酸标准溶液滴定，根据酸的消耗量乘以换算系数，即得粗蛋白质的含量。以甘氨酸（$CH_2COOHNH_2$）为例，该过程的化学反应如下。

（1）消化 $CH_2COOHNH_2 + 3H_2SO_4 \rightarrow 2CO_2\uparrow + 3SO_2\uparrow + 4H_2O + NH_3\uparrow$

$$2NH_3 + H_2SO_4 \rightarrow (NH_4)_2SO_4$$

（2）蒸馏 $(NH_4)_2SO_4 + 2NaOH \rightarrow Na_2SO_4 + 2NH_3\uparrow + 2H_2O$

（3）吸收 $2NH_3 + 4H_3BO_3 \rightarrow (NH_4)_2B_4O_7 + 5H_2O$

（4）滴定 $(NH_4)_2B_4O_7 + 2HCl + 5H_2O \rightarrow 2NH_4Cl + 4H_3BO_3$

【实验材料与主要耗材】

1. 实验材料

植物组织 0.1 ~ 2 g（视含氮量而定）。

2. 主要耗材

50 mL 凯氏烧瓶 ×4，量筒（10 mL×1、15 mL×1、20 mL×1），100 mL 三角瓶 ×4，100 mL 容量瓶 ×4，刻度移液管（5 mL×4、2 mL×4），微量酸式滴定管 ×1，100 mL 烧杯 ×1，洗瓶 ×1。

【仪器与设备】

微量凯氏定氮仪，分析天平，电炉。

【试剂与溶液配制】

1. 试剂

浓硫酸，硫酸铵，氢氧化钠（NaOH），盐酸（HCl），硼酸，硫酸钾，硫酸铜，硒粉，亚甲蓝，无水乙醇，甲基红。

2. 溶液配制

（1）0.30 g/mL NaOH 溶液　称取 30 g NaOH 溶于水中，定容至 100 mL。

（2）20 mg/mL 硼酸溶液　称取 2 g 硼酸用水溶解并定容至 100 mL。

（3）0.010 0 mol/L HCl 标准溶液　取 0.9 mL HCl，加蒸馏水定容至 1 000 mL，并标定。

（4）混合催化剂　硫酸钾－硫酸铜混合物（K_2SO_4：$CuSO_4 \cdot 5H_2O$ = 3：1 或 Se：$CuSO_4$：K_2SO_4 = 1：5：50）充分研细备用。

（5）混合指示剂　取 1 g/L 亚甲蓝－乙醇溶液 5 mL 与 20 g/L 甲基红－乙醇溶液 20 mL 混合，贮于棕色瓶中备用。

本指示剂在 pH 5.2 时为紫红色，pH 5.4 时为暗蓝色或灰色，pH 5.6 时为绿色。变色点为 pH 5.4，所以指示剂的变色范围很窄，为 pH 5.2～5.6，非常灵敏。

（6）硼酸指示剂混合液　取 20 mg/mL 硼酸溶液 20 mL，滴加 2～3 滴混合指示剂，摇匀后溶液呈紫色即可。

（7）指示剂　即 20 g/L 甲基红－乙醇溶液，取 0.2 g 甲基红，加无水乙醇定容至 10 mL。

（8）0.6 mg/mL 硫酸铵标准溶液　取 3.6 mg 硫酸铵，加蒸馏水定容至 6 mL。

【实验步骤】

1. 消化

（1）准备 4 个凯氏烧瓶，并标记。称取适量样品两份，分别加入 1、2 号烧瓶中，3、4 号烧瓶作空白对照。

（2）每个烧瓶中各加入混合催化剂 0.3 g，再加入 15 mL 浓硫酸，轻轻摇匀后进行消化。待消化液呈清澈蓝色后，继续消化 0.5～1 h，消化过程即告完毕。

（3）停火冷却后，加 10 mL 蒸馏水于 100 mL 容量瓶中，再将消化液小心倒入。以蒸馏水少量多次冲洗烧瓶，将洗涤液全部倒入容量瓶中，冷却后定容至刻度，混匀备用。

2. 蒸馏和吸收

（1）清洗微量凯氏定氮仪。

（2）测定硫酸铵标准溶液。

① 向三角瓶中加入 20 mL 硼酸指示剂混合液（呈紫红色），将此三角瓶承接在冷凝管下端，并使冷凝管的出口浸入液面下。

② 吸取 2 mL 0.6 mg/mL 硫酸铵标准溶液注入微量凯氏定氮仪反应管中，用少量蒸馏水冲洗进样入口，再加 10 mL 0.30 g/mL NaOH 溶液，在碱液尚未完全流入时，将漏斗下夹子夹紧，向漏斗中加约 5 mL 蒸馏水，再轻开夹子，使蒸馏水 1/2 流入蒸馏水瓶中，另外 1/2 留在漏斗中做水封。

③ 关闭收集器活塞，加热蒸汽发生器，进行蒸馏。待三角瓶中硼酸指示剂由紫红色变成绿色起，再蒸 3～5 min，移动三角瓶使瓶内液面离开冷凝管下口约 14 cm，并用少量蒸馏水洗涤冷凝管下口外边，再继续蒸馏 1 min，移开三角瓶。

④ 按上述方法再进行硫酸铵标准溶液的测定 2 次。另取 2 mL 蒸馏水代替硫酸铵溶液进行空白测定。将各次蒸馏的三角瓶一起滴定，取三次滴定的平均值进行含氮量的计算，并将结果与标准值进行比较。

⑤ 每次蒸馏完毕后，移去火焰，夹紧蒸汽发生器和收集器间的橡皮管，排除反应完毕的废液，并用水洗漏斗数次，将废液排除，如此反复冲洗干净后可进行下一个样品的蒸馏。

（3）蒸馏。准确吸取稀释后的消化液 5 mL，通过漏斗加入蒸馏瓶中，再用少量蒸馏水洗涤漏斗，其余操作按硫酸铵标准溶液的蒸馏进行。样品与空白蒸馏完毕后，一起进行滴定。

3. 滴定

用微量酸式滴定管，以 0.010 0 mol/L HCl 标准溶液进行滴定，直至三角瓶中硼酸指示剂混合液由绿色变回淡紫红色为止，即为滴定终点，记录盐酸的用量。

4. 计算

$$\text{样品中总氮量}=\frac{c\,(V_A-V_B)\times 14}{m\times 1\,000}\times\frac{\text{消化液总量（mL）}}{\text{测定时用消化液量（mL）}}\times 100\%$$

$$\text{样品中粗蛋白质含量}=\text{样品中总氮量}\times 6.25$$

式中，V_A 为滴定样品用去的盐酸平均体积（mL）；V_B 为滴定空白用去的盐酸平均体积（mL）；c 为盐酸的浓度（g/L）；14 为氮的相对原子质量；m 为样品风干质量（g）；6.25 为蛋白质含氮量平均以 16%计算，故含氮量乘以 6.25（100/16），即换算成蛋白质含量，但各种作物的换算系数不完全相同。

【注意事项】

1. 样品应尽量选取具有代表性的、大块的固体样品，用粉碎机打得细小均匀，液体样品要混合均匀。

2. 蒸馏时，蒸汽发生要均匀充足，蒸馏中途不得停火断汽，否则易发生倒吸。加碱要足量（反应室液体呈深蓝色或褐色），并且碱液不能污染冷凝管及接受瓶。

3. 蒸馏是否完全，可用精密 pH 试纸测试冷凝管出口的冷凝液是否呈碱性来确定。

4. 硒是一种有毒元素，在催化过程中放出 SeO_2 易引起中毒，所以实验室要有良好的通风设备，方可使用这种催化剂。

【实践应用】

凯氏定氮法具有相当好的性价比，仅滴定过程需要人工操作，非常适合实验室及检验机构常规检测。凯氏定氮仪是测定样品中含氮量的基本仪器，使用范围非常广泛，在各行各业中都有重要的应用。随着近年来科学技术的发展，凯氏定氮仪具备安全、准确、可靠、省时、省力、自动化程度高等优点，在测定工作中发挥了重要的作用。主要应用在以下几个方面。

1. 蛋白质测定

可用于食品中的蛋白质测定、饲料中粗蛋白质的测定、植物油料中粗蛋白质的测定、谷物蛋白粉的测定等。

2. 氮测定

可用于乳与乳制品中非蛋白质氮含量的测定、淀粉及其衍生物氮含量的测定、土壤中氮含量的测定、复合肥料中总氮含量的测定、肥料中铵态氮和尿素含量的测定等。另外，也可用于测定水中氨氮、天然橡胶氮含量和酱油中铵盐含量。

3. 挥发性盐基氮测定

利用凯氏定氮法可以测定金枪鱼肉中的挥发性盐基氮含量，肉类中的挥发性盐基氮含量，鱼粉中的挥发性盐基氮含量。

【思考与探索】

1. 凯氏定氮法检测蛋白质含量的原理是什么？
2. 总氮测定时，消化至关重要，样品消化时注意事项有哪些？
3. 样品脂肪较多时，应如何处理？
4. 为什么称凯氏定氮法测出的蛋白质含量为粗蛋白质的含量？

实验 9　SDS- 聚丙烯酰胺凝胶电泳分离蛋白质

【目的与原理】

1. 目的

（1）掌握 SDS- 聚丙烯酰胺凝胶电泳测定蛋白质相对分子质量的操作技术。

（2）了解 SDS- 聚丙烯酰胺凝胶电泳的基本原理。

2. 原理

SDS 是十二烷基硫酸钠（sodium dodecyl sulfate）的简称，是一种很强的阴离子表面活性剂。SDS 以其疏水基和蛋白质分子的疏水区相结合，形成牢固的带负电荷的 SDS- 蛋白质复合物。SDS 和蛋白质的结合是高密度的，其质量比通常为 1.4∶1，由于 SDS 的结合，所引入的净电荷大约为蛋白质本身净电荷的 10 倍。这说明 SDS- 蛋白质复合物所带的电荷远远超过蛋白质原有的净电荷，从而消除或大大降低了不同蛋白质之间所带净电荷的不同对电泳迁移率的影响。

SDS- 蛋白质复合物具有均一的电荷密度，相同的荷质比。据计算，结合到蛋白质上 SDS 的分子数和蛋白质分子的氨基酸残基比值一般为 0.5。另外根据流体力学的研究，SDS- 蛋白质复合物具有扁平而紧密的椭圆形或棒状结构，棒的短轴是恒定的，在 1.8 nm 的数量级，与蛋白质的种类无关，棒的长轴是变化的，而长轴的变化与蛋白质的相对分子质量成正比。这说明 SDS 和蛋白质结合所形成的复合物，消除了由于天然蛋白质形状的不同而对电泳迁移率的影响。

影响带电化合物迁移率的内在因素有三点，即带净电荷的多少、相对分子质量大小和分子的形状。从上面的分析知道，由于 SDS 与蛋白质的结合，消除了蛋白质带净电荷的多少和分子形状不同对电泳迁移率的影响，使其电泳迁移率在外界条件固定的情况下，只取决于蛋白质相对分子质量的大小这一个因素，因而 SDS- 聚丙烯酰胺凝胶电泳具有分辨率高、重复性好的特性。

【实验材料与主要耗材】

1. 实验材料

植物材料。

2. 主要耗材

刻度移液管（10 mL×1、2 mL×2、1 mL×1），50 mL烧杯×2，滴管×2，直径150 mm培养皿×1，卡尺或坐标纸×1，加样枪头若干。

【仪器与设备】

恒温水浴锅，垂直板电泳槽及附件，电泳仪，恒温摇床，20 μL微量移液器。

【试剂与溶液配制】

1. 试剂

十二烷基硫酸钠（SDS），丙烯酰胺（Acr），甲叉双丙烯酰胺（Bis），过硫酸铵（AP），四甲基乙二胺（TEMED），无水乙酸，三羟甲基氨基甲烷（Tris），3 mol/L HCl溶液，甘油，β-巯基乙醇，溴酚蓝，甘氨酸，考马斯亮蓝R-250，甲醇。

2. 溶液配制

（1）分离胶缓冲液　称取Tris 1.817 g，SDS 0.04 g，溶于双蒸水，加3 mol/L HCl溶液调pH至8.9，并用双蒸水定容至10 mL，其中Tris浓度为1.5 mol/L，SDS浓度为4 g/L。

（2）浓缩胶缓冲液　称取Tris 0.606 g，SDS 0.04 g，溶于双蒸水，加3 mol/L HCl溶液调pH至6.8，并用双蒸水定容至10 mL，其中Tris浓度为0.5 mol/L，SDS浓度为4 g/L。

（3）分离胶贮液　称取Acr 30 g，Bis 0.8 g，加双蒸水定容至100 mL。

（4）100 g/L过硫酸铵溶液　称过硫酸铵1 g，加双蒸水至1 mL，现用现配。

（5）SDS样品缓冲液（pH 8.0）　称取Tris 0.060 5 g，甘油0.50 mL，β-巯基乙醇0.25 mL，溴酚蓝0.025 mg，SDS 0.10 g，溶于双蒸水，用3 mol/L HCl溶液调pH至8.0，用双蒸水定容至5 mL。

（6）电极缓冲液　称取Tris 3.03 g，甘氨酸14.41 g，SDS 1.0 g，溶于双蒸水，用3mol/L HCl溶液调pH至8.3，用双蒸水定容至1 000 mL。

（7）染色液　1 g考马斯亮蓝R-250，100 mL无水乙酸，450 mL甲醇，加双蒸水450 mL溶解后过滤使用。

（8）脱色液　70 mL无水乙酸，200 mL甲醇，加双蒸水730 mL。

【实验步骤】

1. 装板与制胶

在洗净、干燥的凝胶玻璃板长板上放好胶条，安上玻璃板短板，用斜楔板将板垂直装至电泳槽中并固定。

按照表9-1配制好分离胶，将胶液沿玻璃板缓缓注入玻璃板之间。注胶过程中应防止气泡产生。当胶液加到距玻璃板顶部3 cm处，立即注入3～5 mm的水层，使其隔绝空气，静置聚合。约经40 min，胶液即可聚合完成，其标志是胶液与水层之间形成清晰的界面。

按表9-1配好浓缩胶，吸去分离胶上的水层，立即将浓缩胶注入分离胶上层，并插入梳子，胶液聚合完成后备用。

表 9-1　不同浓度凝胶体系配方

凝胶	分离胶浓度					浓缩胶
	7.5%	10%	12.5%	15%	30%	
分离胶缓冲液 /mL	4.0	4.0	4.0	4.0	4.0	—
浓缩胶缓冲液 /mL	—	—	—	—	—	1.25
分离胶贮液 /mL	4.0	5.3	6.7	8.0	10.7	0.75
双蒸水 /mL	8.0	6.7	5.3	4.0	1.3	3.0
100 g · L^{-1} 过硫酸铵溶液 /mL	0.8	0.8	0.8	0.8	0.8	0.015
TEMED/mL	0.008	0.008	0.008	0.008	0.008	0.008

2. 样品的制备

将标准样品和未知样品分别制成浓度为 2 mg/mL 的溶液，溶剂为 SDS 样品缓冲液。溶解后在沸水浴中加热 3 ~ 4 min，冷却后待用。

3. 点样

用微量移液器分别吸取标准样品 15 μL，注入不同的样品孔内，同时吸取未知样品液 15 μL，注入其他的样品孔内。

4. 电泳

加样后，在电泳槽内、外槽中分别注入电极缓冲液，内槽电极缓冲液高于短板，接通电源（内槽接负极，外槽接正极），立即进行电泳。电压控制在 80 ~ 100 V。整个电泳过程维持电流不变。当指示染料到胶条还有 1 ~ 2 cm 时可停止电泳，电泳需要 3 ~ 4 h。

5. 染色和脱色

胶层取出后在蒸馏水中浸泡 10 min，浸出部分 SDS，弃去蒸馏水，然后将胶层浸在染色液中，放置在摇床上低速染色 1 ~ 3 h。倒去染色液，加入脱色液低速摇动脱色，期间更换数次脱色液，直至蛋白质区带清晰为止。

6. 测定蛋白质样品迁移率和未知样品的相对分子质量

用卡尺或坐标纸精确测量溴酚蓝和各种蛋白质迁移的距离，溴酚蓝迁移的距离为 d_1，蛋白质迁移的距离为 d_2，根据下式计算各种蛋白质的迁移率 R_m：

$$R_m = \frac{d_2}{d_1}$$

以标准蛋白质的迁移率为横坐标，以其对应的相对分子质量为纵坐标，在半对数坐标纸上作图，可得到一条直线。然后根据未知样品的迁移率，在半对数坐标图上查出其对应相对分子质量。

【注意事项】

1. Acr 和 Bis 具有神经毒性，并刺激皮肤，应注意防护。

2. 分离胶聚合时间应控制在 30 ~ 60 min，聚合过快使凝胶太脆易断裂，主要是过硫酸铵和 TEMED 过量引起；聚合过慢甚至不聚合，可能是过硫酸铵或 TEMED 用量不足或已失效。

3. 电极缓冲液可重复使用若干次，但内、外槽缓冲液不可以混淆，因外槽缓冲液中已混进催化剂及氯离子，如将其作为内槽缓冲液就会影响电泳效果。为节约试剂，可将外槽缓冲液弃去，内槽缓冲液作为外槽缓冲液，可连续使用 2～3 次。

【实践应用】

1. SDS–聚丙烯酰胺凝胶电泳在食品检测和农作物品种类型、纯度鉴定方面有广泛应用。如小麦品种纯度鉴定、转基因大豆检测等。

2. SDS–聚丙烯酰胺凝胶电泳也可应用于特异性酶蛋白分析。

【思考与探索】

1. 为什么要在样品中加入少量溴酚蓝和一定浓度的甘油？

2. 电泳系统的不连续表现在哪几个方面？存在哪几种物理效应？

实验 10 乙酸纤维素薄膜电泳分离血清蛋白

【目的与原理】

1. 目的

（1）了解乙酸纤维素薄膜电泳的方法和应用。

（2）掌握乙酸纤维素薄膜电泳分离血清蛋白的基本原理与操作技术。

2. 原理

电泳是指溶液中带电颗粒在电场中向带相反电荷的电极方向移动的现象。在生物科学中电泳技术广泛应用于蛋白质、核酸和氨基酸等物质的分离和鉴定。

在电泳过程中，带电粒子的移动速率（v）与电荷量（Q）、电场强度（X）成正比，与粒子半径（r）大小、介质黏度（η）成反比：

$$v=\frac{QX}{6\pi r\eta}$$

在一定电场强度下，不同种类的带电粒子在电泳时移动速率不同，这种移动速率的差异是电泳技术的基本依据。乙酸纤维素膜由二乙酸纤维素制成，它具有均一的泡沫样的结构，厚度仅 120 μm，有强渗透性，对分子移动无阻力，作为区带电泳的支持物进行蛋白质电泳，具有简便、快速、样品用量少、应用范围广、分离清晰、没有吸附现象等优点。目前已广泛用于血清蛋白、脂蛋白、血红蛋白、糖蛋白和同工酶的分离，以及用于免疫电泳中。

【实验材料与主要耗材】

1. 实验材料

新鲜血清。

2. 主要耗材

乙酸纤维素膜 ×1，滤纸 ×1，培养皿 ×1，直尺 ×1，铅笔 ×1，镊子 ×3，200 mL 烧杯 ×5，加样枪头若干。

【仪器与设备】

电泳仪，水平式电泳槽，微量移液器。

【试剂与溶液配制】

1. 试剂

巴比妥钠，巴比妥，氨基黑 10B，无水乙酸，甲醇，95%乙醇。

2. 溶液配制

（1）巴比妥缓冲液（pH 8.6）　称取巴比妥钠 7.743 g 和巴比妥 1.384 g，溶于 500 mL 蒸馏水中。

（2）氨基黑 10B 染色液　称取氨基黑 10B 0.05 g，加无水乙酸 2 mL 及甲醇 10 mL，用蒸馏水稀释至 20 mL。

（3）浸洗液　取 95%乙醇 9 mL，加无水乙酸 1 mL 混匀，用蒸馏水稀释至 20 mL。

【实验步骤】

1. 准备电泳

在电泳槽中加入巴比妥缓冲液，并密闭，以使蒸汽饱和，避免水分蒸发，再与电泳仪连接。

2. 点样

（1）取 8 cm × 2 cm 乙酸纤维素膜一条，于无光泽面一端 1.5 cm 处轻轻用铅笔画一直线。

（2）将已画好线的乙酸纤维素膜浸入巴比妥缓冲液中约 20 min，待完全浸透后，取出夹于滤纸中，轻轻吸去表面多余的缓冲液，用微量移液器吸取血清并点在画好的 1.5 cm 处，待渗入膜后，放入电泳槽。盖好电泳槽盖，静置平衡 5 min。

3. 通电

闭合电源开关，调节电压为 120 V，电泳 60 min。

4. 染色与浸洗

电泳完毕后，将乙酸纤维素膜取出，直接浸入氨基黑 10B 染色液中，1 ~ 2 min 后取出，然后用浸洗液浸洗 3 次，每次约 5 min，直至背景无色为止，取出晾干。辨认图谱中蛋白质区带，并画图。

【注意事项】

1. 注意区分电泳槽正负极。

2. 点样处应放在负极端，保持乙酸纤维素膜水平，确定薄膜的无光泽面朝下。

3. 由于乙酸纤维素膜吸水量较低，因此必须在密闭的容器中进行电泳，并使用较低电流，点样面朝下，以防样品蒸发。

4. 点样时，要控制点样点直径为 2 ~ 3 mm，样点不可太大，否则电泳后观察结果不理想。

【实践应用】

乙酸纤维素薄膜电泳测定血清蛋白具有临床意义，临床上常用于分析血、尿等样品中的蛋白质，诊断肝肾等疾病。

【思考与探索】

1. 乙酸纤维素薄膜电泳分离血清蛋白的优缺点有哪些?
2. 乙酸纤维素薄膜电泳使不同血清蛋白彼此分离的原理是什么?
3. 乙酸纤维素膜在电泳中的作用是什么?

第三章 酶的分离、纯化与测定

实验 11 酶的基本性质测定

【目的与原理】

1. 目的

（1）掌握酶基本性质的验证方法及酶的最适 pH、最适温度的测定方法。

（2）了解酶催化的高效性和专一性，以及温度、pH、抑制剂和激活剂对酶促反应速率的影响。

2. 原理

（1）酶催化的高效性 酶作为生物催化剂，在同等条件下，酶的催化反应效率通常比非催化反应高 $10^8 \sim 10^{20}$ 倍，比一般催化剂高 $10^7 \sim 10^{13}$ 倍。过氧化氢酶广泛分布在植物体中，能催化过氧化氢（H_2O_2）分解成 H_2O 和 O_2，无机催化剂铁粉也能催化此反应。

（2）酶催化的专一性 酶具有高度的专一性，一种酶只能催化一个反应或一类反应底物。淀粉和蔗糖缺乏游离醛基，不表现还原性。淀粉在淀粉酶的作用下水解成麦芽糖；蔗糖在蔗糖酶的作用下水解成果糖和葡萄糖，两个反应生成的产物都是还原糖，可用本尼迪克特（Benedict）试剂检查其还原性。

（3）温度对酶活性的影响 温度对酶催化反应具有双重影响，一方面温度升高反应加快，另一方面也加快酶本身的“热失活”，反应速率最大时的温度为最适温度。酶促反应与温度的关系，用酶活性与温度作图，通常呈正态分布曲线。

（4）pH 对酶活性的影响 酶活性受 pH 的影响极为明显。通常酶在一定的 pH 范围内具有活性，酶活性最高时的 pH，称为酶的最适 pH，不同酶的最适 pH 不同。

（5）抑制剂和激活剂对酶活性的影响 酶的活性还受某些物质的影响。有些物质能使酶的活性增加，称为激活剂；有些物质能使酶的活性下降，但并不引起酶蛋白变性的物质称为抑制剂。氯离子为唾液淀粉酶的激活剂，铜离子为其抑制剂。

唾液淀粉酶可将淀粉逐步水解，不同阶段的产物遇碘呈现不同的颜色，通过颜色的比较，来定性研究温度、pH、激活剂、抑制剂对酶活性的影响。

【实验材料与主要耗材】

1. 实验材料

（1）0.5 cm^3 的马铃薯块，每组生、熟各两块。

（2）干酵母 1 g。

2. 主要耗材

18 mm × 180 mm 试管 ×19，刻度移液管（1 mL × 3、2 mL × 3、5 mL × 5），烧杯 ×1，白瓷板 ×1，滴管 ×1，研钵 ×3，饮水杯 ×1，滤纸，脱脂棉。

【仪器与设备】

电子天平，恒温水浴锅。

【试剂与溶液配制】

1. 试剂

铁粉，30% 过氧化氢（H_2O_2），蔗糖，淀粉，碳酸钠（$Na_2CO_3 \cdot 2H_2O$），柠檬酸钠（$Na_3C_6H_5O_7 \cdot 2H_2O$），硫酸铜（$CuSO_4 \cdot 5H_2O$），碘化钾（KI），碘（$I_2$），氯化钠（NaCl），磷酸氢二钠（$Na_2HPO_4$），柠檬酸（$C_6H_8O_7 \cdot H_2O$），石英砂。

2. 溶液配制

（1）2% H_2O_2（现用现配）　30% H_2O_2 稀释 15 倍即可。

（2）20 g/L 蔗糖溶液　称取 2 g 分析纯蔗糖，溶于 100 mL 水中，新鲜配制。

（3）10 g/L 淀粉溶液　10 g 淀粉和 3 g NaCl，加 100 mL 蒸馏水搅拌成悬浮液，倒入 300 mL 煮沸的蒸馏水中，搅拌溶解，冷却后定容至 1 000 mL，于冰箱储存。

（4）1 g/L 淀粉溶液　1 g 淀粉，加 50 mL 水搅拌成悬浮液，慢慢倒入 300 mL 煮沸的蒸馏水中，搅拌溶解，冷却后定容至 1 000 mL，冰箱储存。

（5）本尼迪克特试剂　将 100 g $Na_2CO_3 \cdot 2H_2O$ 和 173 g 柠檬酸钠混合，加 600 mL 蒸馏水加热溶解，冷却；另一烧杯中称取 17.3 g $CuSO_4 \cdot 5H_2O$，加 100 mL 蒸馏水加热溶解，冷却后将 $CuSO_4$ 溶液缓慢加入碳酸钠－柠檬酸钠溶液中，边加边搅匀，最后定容至 1 L。如有沉淀可过滤除去，此试液可长期保存。

（6）碘液　3 g KI 加 5 mL 蒸馏水溶解，再加 1 g I_2，溶解后定容至 300 mL，储存于棕色瓶中。

（7）10 g/L $CuSO_4$ 溶液　5 g $CuSO_4 \cdot 5H_2O$ 加 50 mL 蒸馏水溶解后，定容至 500 mL。

（8）10 g/L NaCl 溶液　5 g NaCl 加 50 mL 蒸馏水溶解后，定容至 500 mL。

（9）磷酸氢二钠－柠檬酸缓冲液

A 液（0.2 mol/L Na_2HPO_4 溶液）　称取 28.40 g Na_2HPO_4（或 35.61 g $Na_2HPO_4 \cdot 2H_2O$ 或 71.64 g $Na_2HPO_4 \cdot 12H_2O$）溶于 1 L 水中；

B 液（0.1 mol/L 柠檬酸溶液）　称取 21.01 g 柠檬酸（$C_6H_8O_7 \cdot H_2O$）溶于 1 L 水中。

pH 4.8 缓冲液：9.86 mL A 液 + 10.14 mL B 液。

pH 6.8 缓冲液：15.45 mL A 液 + 4.55 mL B 液。

pH 8.0 缓冲液：19.45 mL A 液 + 0.55 mL B 液。

【实验步骤】

1. 酶催化的高效性

（1）将准备好的生、熟马铃薯块分别用研钵捣成马铃薯糜，待用。

（2）取 4 支试管，按表 11–1 操作，立即观察各试管气泡出现的情况，记录并解释实验现象。

2. 酶催化的专一性

（1）唾液淀粉酶提取液　先用蒸馏水清洁口腔，再含 10 mL 左右蒸馏水，轻轻咀嚼

表 11-1　酶催化的高效性

管号	1	2	3	4
2% H_2O_2/mL	3	3	3	3
生马铃薯糜	少许	—	—	—
熟马铃薯糜	—	少许	—	—
铁粉	—	—	少许	—
现象				
现象解释				

2 ~ 3 min，然后收集在烧杯中，用脱脂棉过滤即得唾液淀粉酶原液，稀释 50 ~ 100 倍，作为唾液淀粉酶的提取液，备用。

（2）蔗糖酶提取液　取 1 g 干酵母放入研钵中，加入少量石英砂和水研磨，再加 50 mL 蒸馏水，静置片刻，过滤，滤液备用。

（3）取 6 支试管，按表 11-2 操作，观察结果，记录并解释实验现象。

表 11-2　酶催化的专一性

管号	1	2	3	4	5	6
10 g/L 淀粉溶液 /mL	1	1	—	—	1	—
20 g/L 蔗糖溶液 /mL	—	—	1	1	—	1
唾液淀粉酶提取液 /mL	0.5		0.5	—	—	—
蔗糖酶提取液 /mL	—	0.5	—	0.5	—	—
蒸馏水 /mL	—	—	—	—	0.5	0.5
酶促反应	混匀后，于 37℃水浴保温 10 min					
本尼迪克特试剂 /mL	2	2	2	2	2	2
检测反应	再混匀后，于沸水浴加热 5 ~ 10 min					
现象						
现象解释						

3. pH 对酶活性的影响

取 3 支试管，按表 11-3 操作，观察结果，记录并解释实验现象。

表 11-3　pH 对酶活性的影响

管号	1	2	3
pH 4.8 缓冲液 /mL	3	—	—
pH 6.8 缓冲液 /mL	—	3	—
pH 8.0 缓冲液 /mL	—	—	3

续表

管号	1	2	3
10 g · L^{-1} 淀粉溶液 /mL	1	1	1
预保温	摇匀，于 37℃水浴中保温 2 min		
唾液淀粉酶提取液 /mL	1	1	1
检测反应	在 37℃水浴中反应，每 0.5 min 从 2 号管中取出 1 滴反应液于白瓷板上，加碘液检查颜色变化，直至不再变色，即停止反应，取出所有试管检测		
现象			
现象解释			

4. 温度对酶活性的影响

取 3 支试管，按表 11–4 操作，观察结果，记录并解释实验现象。

表 11–4 温度对酶活性的影响

管号	1	2	3
pH 6.8 缓冲液 /mL	2	2	2
唾液淀粉酶提取液 /mL	2	2	2
10 g · L^{-1} 淀粉溶液 /mL	1	1	1
温度 /℃	0	37	70
检测反应	5 min 后，每 0.5 min 从 2 号管中取出 1 滴反应液于白瓷板上，加碘液检查颜色变化，直至不再变色，即停止反应，取出所有试管检测		
现象			
现象解释			

5. 抑制剂和激活剂对酶活性的影响

取 3 支试管，按表 11–5 操作，观察结果，记录并解释实验现象。

表 11–5 抑制剂和激活剂对酶活性的影响

管号	1	2	3
10 g · L^{-1} NaCl 溶液 /mL	1	—	—
10 g · L^{-1} $CuSO_4$ 溶液 /mL	—	1	—
蒸馏水 /mL	—	—	1
唾液淀粉酶提取液 /mL	1	1	1
1 g · L^{-1} 淀粉溶液 /mL	3	3	3
检测反应	37℃中保温 3 min 后，每 0.5 min 从 1 号管中取出 1 滴反应液于白瓷板上，加碘液检查颜色变化，直至不再变色，即停止反应，取出所有试管检测		
现象			
现象解释			

【注意事项】

1. 本实验所用蔗糖酶只是从酵母中提取的粗酶液，可能含有少量淀粉酶，因此检测效果会有一定影响。

2. 每个人唾液中淀粉酶的活性不同，因此唾液淀粉酶稀释倍数可能有变化，也可以用几个人的唾液混合使用。酶的抑制与激活实验用经过滤的唾液，效果会更明显，因为唾液中含有少量 Cl^-。

3. 使用刻度移液管时，注意清洁，防止溶液混杂，影响检测结果。

4. 研究某一因素对酶活性的影响时，其他因素应该保持在最适条件下。

【实践应用】

温度对酶的活性有明显的影响，低温时酶的活性降低，但不会引起酶的变性，所以我们利用低温来储存食物和酶制剂。

【思考与探索】

1. 酶的最适温度是不是固定的常数？它受哪些因素影响？
2. pH 影响酶作用的原因可能有哪些方面？
3. 抑制剂与变性剂对酶活性的影响有什么差别？

实验 12 淀粉酶的提取和活性的测定

【目的与原理】

1. 目的

（1）掌握淀粉酶的提取和活性测定方法，以及可见分光光度计的使用。

（2）了解淀粉的酶促水解及 α- 淀粉酶和 β- 淀粉酶的特性。

2. 原理

参与淀粉水解的酶有 α- 淀粉酶、β- 淀粉酶、脱支酶和麦芽糖酶。其中 α- 淀粉酶在淀粉分子内部随机水解 α-1,4- 糖苷键，生成葡萄糖、麦芽糖、麦芽三糖、糊精等还原糖，也称为淀粉内切酶。β- 淀粉酶也是水解 α-1,4- 糖苷键，但从淀粉的非还原性末端进行水解，每次水解下一分子麦芽糖，又称为淀粉外切酶。两种淀粉酶除水解位点不同，其特性也不同，α- 淀粉酶较耐热而不耐酸，且通常需要在 Ca^{2+} 存在下进行，在 pH 为 3.6 以下则迅速钝化。β- 淀粉酶不耐热，在 70℃下可于 15 min 内钝化。

麦芽中同时存在上述两种酶，可以先测两种酶的总活性，再采用加热的方法钝化 β- 淀粉酶，然后测出 α- 淀粉酶的活性。淀粉酶总活性减去 α- 淀粉酶的活性，就可求出 β- 淀粉酶的活性。淀粉酶催化产生的这些还原糖能使 3,5- 二硝基水杨酸还原，生成棕红色的 3- 氨基 -5- 硝基水杨酸，其反应如下：

3,5-二硝基水杨酸（$COOH$，OH，O_2N，NO_2） + 还原糖 $\xrightarrow[\text{碱性}]{\text{加热}}$ 3-氨基-5-硝基水杨酸（$COOH$，OH，O_2N，NH_2） + 糖酸

生成物颜色的深浅与还原糖的生成量成正比，而淀粉酶活性的大小也与还原糖的生成量成正比。

【实验材料与主要耗材】

1. 实验材料

萌发的小麦种子（芽长约 1 cm）1 g。

2. 主要耗材

18 mm × 180 mm 试管 × 16，刻度移液管（1 mL × 3、2 mL × 3、5 mL × 5），容量瓶（100 mL × 1、50 mL × 1），20 mL 具塞刻度试管 × 8，离心管 × 2，研钵 × 1。

【仪器与设备】

电子天平，恒温水浴锅，可见分光光度计，离心机。

【试剂与溶液配制】

1. 试剂

麦芽糖，石英砂，淀粉，氢氧化钠（NaOH），3,5- 二硝基水杨酸，酒石酸钾钠，柠檬酸（$C_6H_8O_7 \cdot H_2O$）、柠檬酸钠（$Na_3C_6H_5O_7 \cdot 2H_2O$）。

2. 溶液配制

（1）麦芽糖标准溶液（1 mg/mL）　精确称取 100 mg 麦芽糖，用少量蒸馏水溶解，并定容至 100 mL。

（2）10 g/L 淀粉溶液　称取 1 g 淀粉溶于 100 mL 0.1 mol/L 柠檬酸缓冲液（pH 5.6）中。

（3）0.4 mol/L NaOH 溶液　称取 1.6 g NaOH，溶于 100 mL 水中。

（4）10 g/L 3,5- 二硝基水杨酸试剂　先配 20 mL 2 mol/L NaOH 溶液，将 1 g 3,5- 二硝基水杨酸溶于其中，加入 50 mL 蒸馏水后，再加入 30 g 酒石酸钾钠，待溶解后用蒸馏水定容至 100 mL。存放时盖紧瓶塞，防止 CO_2 进入。

（5）0.1 mol/L 柠檬酸缓冲液（pH 5.6）

A 液（0.1 mol/L 柠檬酸溶液）　称取 $C_6H_8O_7 \cdot H_2O$ 21.01 g，用蒸馏水溶解并定容至 1 L；

B 液（0.1 mol/L 柠檬酸钠溶液）　称取 $Na_3C_6H_5O_7 \cdot 2H_2O$ 29.41 g，用蒸馏水溶解并定容至 1 L；

55 mL A 液 + 145 mL B 液，混合后摇匀，即为 0.1 mol/L 柠檬酸缓冲液（pH 5.6）。

【实验步骤】

1. 麦芽糖标准曲线的制作

取 7 支 20 mL 具塞刻度试管，编号，按表 12-1 加入各试液，摇匀，将各试管置沸水浴中加热 5 min。取出后流水冷却，加蒸馏水定容至 20 mL。以 1 号管作为空白调零点，在

表 12-1　麦芽糖标准曲线的制作

管号	1	2	3	4	5	6	7
麦芽糖标准溶液 /mL	0	0.2	0.6	1	1.4	1.8	2
蒸馏水 /mL	2	1.8	1.4	1	0.6	0.2	0
3,5- 二硝基水杨酸试剂 /mL	2	2	2	2	2	2	2
麦芽糖含量 /mg	0	0.2	0.6	1.0	1.4	1.8	2.0

520 nm 波长下测定吸光度。以麦芽糖含量（mg）为横坐标，吸光度为纵坐标，绘制麦芽糖标准曲线。

2. 淀粉酶液的制备

称取 1 g 萌发 3 天的小麦种子（芽长约 1 cm），置于研钵中，加入少量石英砂和 2 mL 蒸馏水，研磨匀浆。将匀浆完全转入 100 mL 容量瓶中，加蒸馏水定容至刻度，在室温下静置提取 15～20 min，每隔数分钟搅动 1 次，使其充分提取。然后取 4 mL 置入离心管中，4 000 r/min 离心 10 min，将上清液 3 mL 置刻度试管定容至 15 mL，摇匀，即为淀粉酶原液，用于 α- 淀粉酶活性的测定。

吸取上述淀粉酶原液 10 mL，放入 50 mL 容量瓶中，用蒸馏水定容至刻度，摇匀，即为淀粉酶稀释液，用于淀粉酶总活性的测定。

3. 淀粉酶总活性的测定

取 4 支干净的试管编号，2 支为对照管，2 支为测定管，按表 12-2 加入各试剂。

表 12-2　淀粉酶总活力的测定

管号	Ⅰ-1	Ⅰ-2	Ⅰ-3	Ⅰ-4
淀粉酶稀释液 /mL	1	1	1	1
0.4 mol · L^{-1} NaOH 溶液 /mL	1	1	—	—
0.1 mol · L^{-1} 柠檬酸缓冲液 /mL	1	1	1	1
10 g · L^{-1} 淀粉溶液 /mL	2	2	2	2
酶促反应	摇匀，40℃水浴中保温 5 min			
0.4 mol · L^{-1} NaOH 溶液 /mL	—	—	1	1

终止反应后，另取 4 支试管，分别对应取上述酶促反应液各 2 mL，再分别加入 10 g/L 3,5- 二硝基水杨酸试剂 2 mL，沸水浴 5 min 后，加蒸馏水 5 mL，摇匀，以麦芽糖标准液 1 号管作为空白调零点，在 520 nm 波长下测定 4 支试管的吸光度。

4. α- 淀粉酶活性测定

取 4 支干净的试管编号，2 支作为对照管，2 支作为测定管，按表 12-3 加入各试液。

终止反应后，操作方法同步骤 3，在 520 nm 波长下测定各试管的吸光度。

5. 结果计算

计算Ⅰ-3、Ⅰ-4 吸光度平均值与Ⅰ-1、Ⅰ-2 吸光度平均值之差，在麦芽糖标准曲线上

表 12-3　α- 淀粉酶活性测定

管号	Ⅱ-1	Ⅱ-2	Ⅱ-3	Ⅱ-4
淀粉酶原液 /mL	1	1	1	1
处理	置 70℃水浴 15 min，冷却			
0.4 mol/L NaOH 溶液 /mL	1	1	—	—
0.1 mol/L 柠檬酸缓冲液 /mL	1	1	1	1
10 g/L 淀粉溶液 /mL	2	2	2	2
酶促反应	摇匀，40℃水浴中保温 5 min			
0.4 mol/L NaOH 溶液 /mL	—	—	1	1

查出相应的麦芽糖含量（mg），按下列公式计算淀粉酶总活性（mg/g）。

$$淀粉酶总活性 = (C \times V_1 \times n) / (V_2 \times m)$$

式中，C 为麦芽糖含量（mg）；V_1 为淀粉酶稀释液总体积（mL）；n 为稀释倍数；V_2 为测定淀粉酶总活性时酶液体积（mL）；m 为样品质量（g）。

计算Ⅱ-3、Ⅱ-4 吸光度平均值与Ⅱ-1、Ⅱ-2 吸光度平均值之差，在麦芽糖标准曲线上查出相应的麦芽糖含量（mg），按下式计算 α- 淀粉酶活性（mg/g）。

$$\alpha\text{-}淀粉酶活性 = (C \times V_1) / (V_2 \times m)$$

式中，C 为麦芽糖含量（mg）；V_1 为淀粉酶原液总体积（mL）；V_2 为测定 α- 淀粉酶活性时酶液体积（mL）；m 为样品质量（g）。

【注意事项】

1. 实验材料应是发芽的小麦麦粒。
2. 酶促反应时试剂应按规定的顺序加入。
3. 应准确控制酶促反应的时间。

【实践应用】

淀粉酶是水解淀粉和糖原的酶类总称，生物体利用淀粉酶进行代谢的初级反应，工业上利用淀粉酶催化水解织物上的淀粉浆料，且不损伤纤维。淀粉酶也会带来经济损失，小麦成熟期如果遇到连阴雨，有的品种会因为淀粉酶活性升高，发生严重的穗发芽。

【思考与探索】

1. 在酶促反应中，加入氢氧化钠的作用是什么？
2. 在酶促反应中，控制温度 70℃和 40℃，分别有什么作用？

实验 13　影响酶促反应速率的因素分析

【目的与原理】

1. 目的

（1）了解影响酶促反应速率的因素。

（2）了解并掌握酶促反应速率的测定方法及注意事项。

2. 原理

（1）温度对酶活性的影响　酶的催化作用受温度的影响，在最适温度下酶的反应速率最大。大多数动物酶的最适温度为 37～40℃，植物酶的最适温度为 50～60℃。但酶本身是蛋白质，温度对酶催化反应具有双重影响，一方面温度升高反应加快，另一方面也加快酶本身的“热失活”。

本实验以淀粉酶为例说明温度对酶活性的影响。淀粉遇碘呈蓝色，糊精按其相对分子质量的大小遇碘可呈蓝色、紫色、暗褐色或红色，最简单的糊精及麦芽糖遇碘不变色。在不同温度下，淀粉被淀粉酶水解的程度可由水解混合物遇碘呈现的颜色来判断。

（2）pH 对酶活性的影响　酶活性受 pH 的影响极为明显。不同酶的最适 pH 不同，在最适 pH 处，酶表现出最大的反应速率。本实验观察 pH 对淀粉酶活性的影响。应当指出的是，最适 pH 不是酶的特征反应常数，它受底物性质及缓冲液性质影响。

【实验材料与主要耗材】

1. 实验材料

发芽 2～3 d 的麦苗。

2. 主要耗材

18 mm × 180 mm 试管 ×11，刻度移液管（1 mL × 3、2 mL × 3、5 mL × 5），研钵 ×1，三角瓶 ×6，白瓷板 ×1，15 mL 离心管 ×2，滴管 ×1。

【仪器与设备】

天平，恒温水浴锅，可见分光光度计，离心机，制冰机。

【试剂与溶液配制】

1. 试剂

石英砂，淀粉，碘化钾（KI），碘（I_2），柠檬酸（$C_6H_8O_7 \cdot H_2O$），磷酸氢二钠（Na_2HPO_4）。

2. 溶液配制

（1）5 g/L、2 g/L 淀粉溶液　称取 1 g 淀粉溶于 100 mL 蒸馏水中，分别稀释得 5 g/L、2 g/L 淀粉溶液。

（2）0.2 mol/L Na_2HPO_4 溶液　$Na_2HPO_4 \cdot 2H_2O$ 35.61 g 或 $Na_2HPO_4 \cdot 7H_2O$ 53.65 g 或 $Na_2HPO_4 \cdot 12H_2O$ 71.64 g，用蒸馏水定容至 1 000 mL。

（3）0.1 mol/L 柠檬酸溶液　称取柠檬酸 21.01 g，用蒸馏水溶解并定容至 1 L。

（4）碘－碘化钾（I_2-KI）溶液 取 KI 20 g 及 I_2 10 g 溶于 100 mL 蒸馏水中，使用前稀释 10 倍，置于棕色瓶中保存备用。

【实验步骤】

1. 淀粉酶液的制备

取 3 g 发芽 2～3 d 的麦苗，加入少量石英砂及少量蒸馏水（约 5 mL），研磨成匀浆，转入三角瓶中，再加入 45 mL 蒸馏水。室温下每隔 5 min 振荡一次，放置 20 min，3 500 r/min 离心 20 min，上清液为制备的淀粉酶液。

2. 煮沸的酶液

取 5 mL 淀粉酶液于试管，沸水浴加热 5 min，为煮沸失活的酶液。

3. 温度对酶活性的影响

使用提取的淀粉酶液进行实验。取 4 支试管，按表 13–1 加入试剂后，反应 5 min，同时取出，加入 I_2-KI 溶液，观察现象并讨论实验结果。

表 13–1 温度对酶活性的影响

管号	1	2	3	4
处理	50℃水浴	冰水浴	室温	50℃水浴
2 g·L^{-1} 淀粉溶液 /mL	1.0	1.0	1.0	1.0
淀粉酶液 /mL	1.0	1.0	1.0	—
失活的酶液 /mL	—	—	—	1.0
	反应 5 min 后，滴加 2～3 滴 I_2-KI 溶液			
现象				

4. pH 对酶活性的影响

（1）缓冲液的配制 取 5 个三角瓶，按表 13–2 配制不同 pH 缓冲液。

表 13–2 不同 pH 缓冲液的配制

瓶号	1	2	3	4	5
0.2 mol·L^{-1} Na_2HPO_4 溶液 /mL	3.86	4.66	5.15	6.05	7.72
0.1 mol·L^{-1} 柠檬酸溶液 /mL	6.14	5.34	4.85	3.95	2.28
pH	4.0	4.6	5.0	5.8	6.8

（2）测定酶促反应时间 取 pH 4.6 或 pH 5.0 的缓冲液 3 mL 加入试管中，再加入 5 g/L 淀粉溶液 2 mL 摇匀，将试管放入 50℃恒温水浴锅中，1 min 后加入 1 mL 淀粉酶液，摇匀后计时。每隔 1 min 从试管中取出 1 滴反应液放入白瓷板中，用 I_2-KI 溶液检查水解情况。当滴入的 I_2-KI 溶液变成浅黄色时，立即取出试管，记录时间。该反应时间即为该 pH 缓冲液的酶促反应时间（淀粉酶最适 pH 为 4.7～5.4）。

（3）pH 对酶活性的影响 取 5 支试管，按表 13–3 加入各试剂。

摇匀后，每隔 1 min 向各试管中加入 1 mL 淀粉酶液，摇匀置于 50℃恒温水浴锅中，各试管分别达到酶促反应时间后，再依次取出，分别向各试管中滴加 2 滴 I_2-KI 溶液，观察并记录实验现象，并讨论实验结果。

表 13-3 pH 对酶活性的影响

管号	1	2	3	4	5
pH	4.0	4.6	5.0	5.8	6.8
不同 pH 缓冲液 /mL	3.0	3.0	3.0	3.0	3.0
5 $g \cdot L^{-1}$ 淀粉溶液 /mL	2.0	2.0	2.0	2.0	2.0
现象					

【注意事项】

要保证各测定管中酶促反应的时间严格一致。其余注意事项同实验 12。

【实践应用】

温度和 pH 对酶的活性有明显的影响，特别是低温时酶的活性降低，但不会引起酶的变性，因此可以利用低温来储存食物。

【思考与探索】

1. 温度对酶活性影响的实验结果怎样，为什么？
2. pH 对酶活性影响的实验中，测定酶促反应时间的意义是什么？

实验 14 酵母蔗糖酶的分离纯化及活性的测定

【目的与原理】

1. 目的

（1）掌握乙醇分级沉淀分离纯化粗酶提取液的方法，以及离子交换层析的原理和操作。

（2）了解酶提取和纯化的各种方法与特点。

2. 原理

本实验是一个综合性实验，从酶的提取到有机溶剂分级沉淀分离纯化酶溶液，再对纯化酶溶液进行离子交换层析，进一步提高酶纯度。

酶蛋白是两性电解质，采用不同饱和度的乙醇溶液，可以降低溶液的介电常数，并且争夺蛋白质表面的水膜，使酶蛋白和杂蛋白分别沉淀，达到分级分离的目的。

二乙氨乙基（diethylaminoethyl，DEAE）是阴离子交换剂。不同的蛋白质等电点不同，当它们处于不同的 pH 条件下，其带电状态也不同。当阴离子交换基质结合了带有负电荷的蛋白质，所有带负电荷的蛋白质都被吸附在层析柱上，然后通过提高洗脱液中的盐浓度或者改变洗脱液的 pH，将吸附在柱上的蛋白质按照离子结合力从弱到强的次序先后从层析柱基质上洗脱下来，达到纯化目标蛋白质的目的。

【实验材料与主要耗材】

1. 实验材料

酵母粉 20 g。

2. 主要耗材

牛皮纸 ×1，橡皮筋 ×1，透析袋 ×1，50 mL 带盖离心管 ×4，药勺 ×1，250 mL 三角瓶 ×1，滴管 ×3，刻度移液管（0.5 mL×1、1 mL×3、2 mL×7、5 mL×3），2 mL 离心管 ×2，烧杯 ×5，玻璃棒 ×1，25 mL 刻度试管 ×33，血糖管 ×11。

【仪器与设备】

酸度计，冷冻离心机，恒温水浴锅，分析天平，制冰机，可见分光光度计，层析柱（内径 1.5 cm，高 25 cm），恒流泵，核酸蛋白检测仪，真空泵，水平尺。

【试剂与溶液配制】

1. 试剂

葡萄糖，牛血清白蛋白，浓盐酸（HCl），氢氧化钠（NaOH），蔗糖，3,5- 二硝基水杨酸，酒石酸钾钠，考马斯亮蓝 G-250，磷酸氢二钠（Na_2HPO_4），磷酸二氢钠（NaH_2PO_4），甲苯，36% 乙酸，乙酸钠，乙醇，85% 磷酸，DEAE- 纤维素。

2. 溶液配制

（1）2 g/L 葡萄糖标准溶液　准确称量恒重的葡萄糖 0.2 g，溶解，稀释并定容至 100 mL。

（2）牛血清白蛋白标准溶液（100 μg/mL）　称取牛血清白蛋白 25 mg，加水溶解并定容至 100 mL，吸取上述溶液 40 mL，用蒸馏水稀释至 100 mL。

（3）0.5 mol/L HCl 溶液　将浓 HCl（37%，1.19 g/mL）20.85 mL 缓慢加入 500 mL 蒸馏水中，混匀。

（4）1 mol/L NaOH 溶液　称取 40 g NaOH，溶于 1 000 mL 水。

（5）50 g/L 蔗糖溶液　称取 50 g 蔗糖，溶于 1 000 mL 水。

（6）10 g/L 3,5- 二硝基水杨酸（DNS）试剂　称取 3,5- 二硝基水杨酸 1 g，溶于 20 mL 1 mol/L NaOH 溶液中，加入 50 mL 水，再加 30 g 酒石酸钾钠，加热搅拌溶解后，用蒸馏水定容至 100 mL，在棕色瓶中避光保存。

（7）考马斯亮蓝 G-250 溶液　称取 100 mg 考马斯亮蓝 G-250，溶于 50 mL 90% 乙醇中，加入 85% 磷酸 100 mL，最后用蒸馏水定容至 1 000 mL，过滤在棕色瓶中常温下可保存一个月。

（8）0.2 mol/L 磷酸盐缓冲液（phosphate buffer solution，PBS）（pH 6.0）　0.2 mol/L Na_2HPO_4 溶液 123 mL 与 0.2 mol/L NaH_2PO_4 溶液 887 mL 混合，用时稀释至 0.005 mol/L。

（9）10% 乙酸　10 mL 36% 乙酸加水稀释至 36 mL 即可。

【实验步骤】

1. 葡萄糖标准曲线的制作

（1）取 11 支血糖管，按表 14–1 分别加入不同体积的 2 g/L 葡萄糖标准溶液、蒸馏水及 10 g/L 3,5– 二硝基水杨酸试剂。

（2）将上述溶液混匀后，在沸水浴中加热 5 min，取出并用流水冷却，以蒸馏水稀释至 25 mL，摇匀，于 540 nm 处测定吸光度。

（3）以葡萄糖含量（mg）为横坐标，吸光度为纵坐标，绘制葡萄糖标准曲线。

表 14–1　葡萄糖标准曲线的制作

管号	1	2	3	4	5	6	7	8	9	10	11
2 g · L^{-1} 葡萄糖标准溶液 /mL	0	0.2	0.4	0.6	0.8	1.0	1.2	1.4	1.6	1.8	2.0
蒸馏水 /mL	2	1.8	1.6	1.4	1.2	1.0	0.8	0.6	0.4	0.2	0
10 g · L^{-1} 3,5– 二硝基水杨酸试剂 /mL	3	3	3	3	3	3	3	3	3	3	3
葡萄糖含量 /mg	0	0.4	0.8	1.2	1.6	2.0	2.4	2.8	3.2	3.6	4.0

2. 蛋白质标准曲线的制作

取 6 支试管并编号，按表 14–2 加入不同体积的 100 μg/mL 牛血清白蛋白标准溶液，加蒸馏水，再向各管中加入 5 mL 考马斯亮蓝 G–250 溶液，摇匀，以 1 号试管为空白对照，在 595 nm 处测定吸光度。以蛋白质含量（μg）为横坐标，吸光度为纵坐标，绘制蛋白质标准曲线。

表 14–2　蛋白质标准曲线的制作

管号	1	2	3	4	5	6
100 μg · mL^{-1} 牛血清白蛋白标准溶液 /mL	0	0.2	0.4	0.6	0.8	1.0
蒸馏水 /mL	1.0	0.8	0.6	0.4	0.2	0
考马斯亮蓝 G–250 溶液 /mL	5	5	5	5	5	5
蛋白质含量 /μg	0	20	40	60	80	100

3. 蔗糖酶粗酶抽提液的制备

（1）酵母细胞活化　称取 20 g 酵母粉，置于 250 mL 三角瓶中，加 50 mL 水，置 35℃恒温水浴锅中保温，间歇摇匀，活化 1 h。

（2）细胞自溶　加入 1.2 g 乙酸钠及 20 mL 甲苯，摇匀，置于 35℃水浴中，间歇搅拌，30 min 后观察到菌体自溶的现象。1 h 后摇匀酵母液，将三角瓶口用牛皮纸封口，纸上扎几个小孔，于 35℃保温过夜。

（3）粗酶抽提　第 2 天，将自溶溶液在冷冻离心机中，于 4℃条件下，4 000 r/min 离心 20 min。离心完毕，吸去上层清亮的甲苯，用药匀挡住块状黏稠物，倾斜离心管，倒出上清液，即粗酶抽提液，置于冰浴中备用。若不澄清，可再离心 1~2 次。若长期不用，可置

于 −20℃保存。

（4）取 1 mL 粗酶抽提液置于 2 mL 离心管中，于 4℃保存，用于测定酶活性和蛋白质含量。测量粗酶抽提液的体积，记录为 E_1。

4. 乙醇分级分离

（1）pH 调节　用 10% 乙酸调节粗酶抽提液的 pH 至 4.5，记录加入 10% 乙酸的体积。

（2）32%乙醇饱和度沉淀　按以下公式计算，得出使粗酶抽提液的乙醇饱和度达到 32% 时所需要的乙醇体积。

$$\frac{V_1}{V+V_1}=0.32$$

式中，V_1 为所需要无水乙醇的体积（mL）；V 为 E_1 和 10% 乙酸的总体积（mL）；若提供 95% 乙醇试剂，则按 $V_1/0.95$ 换算出实际加入 95% 乙醇的体积（mL）。

把粗酶抽提液和量好体积的 95%乙醇在冰浴中预冷（0 ~ 2℃），将乙醇逐滴地加入粗酶抽提液，边加边搅拌，注意不要使乙醇局部过浓，否则会引起酶变性失活。酶液会逐渐变浑浊，经 4 000 r/min 离心 10 min 后，将上清液转移到烧杯中待用，弃去沉淀。

（3）47.5%的乙醇饱和度沉淀　按下式计算，得出使酶液的乙醇浓度达到 47.5%饱和度时所需要的乙醇量。

$$\frac{V_2}{V+V_2}=0.475$$

式中，V_2 为所需要无水乙醇的体积（mL）；V 同上式。

乙醇饱和度达到 47.5% 时上述酶液需要补加的 95% 乙醇体积为 $V_2/0.95-V_1/0.95$，按步骤（2）所述方法补加乙醇。经 4 000 r/min 离心 10 min 后，弃去上清液，将 10 mL 0.005 mol/L 磷酸盐缓冲液（pH 6.0）分 2 ~ 3 次加入沉淀中，使沉淀充分溶解。

（4）透析　将酶液装入经编号标记的透析袋，放入盛有 0.005 mol/L 磷酸盐缓冲液（pH 6.0）的烧杯中透析 3 h，中间更换一次透析液，并保持低温状态。

（5）测量　测量透析后酶液体积，记为 E_2。从中取出 1 mL，于 4℃保存，用于测定酶活性和蛋白质浓度。其余酶液用于 DEAE– 纤维素柱层析。

5. DEAE– 纤维素柱层析

（1）DEAE– 纤维素处理　称取 1.5 g DEAE– 纤维素（DE–23）干粉，用去离子水浸泡过夜，用浮选法除去过细部分，留下可于 30 min 内沉积的组分，重复数次。然后依次用 0.5 mol/L NaOH 溶液、蒸馏水、0.5 mol/L HCl 溶液、蒸馏水、0.5 mol/L NaOH 溶液、蒸馏水、0.5 mol/L HCl 溶液、蒸馏水，即碱→水→酸→水，交替浸泡，每次 0.5 ~ 1 h。每次浸泡后抽滤，再用水洗至中性。最后用 0.005 mol/L 磷酸盐缓冲液（pH 6.0）浸泡平衡。将平衡过的 DEAE– 纤维素抽滤，最后加 0.005 mol/L 磷酸盐缓冲液（pH 6.0）使其体积比为 1∶1，待装柱。

用过的 DEAE– 纤维素可再生重复使用。但要先用 0.5 mol/L NaOH 溶液，再用 0.5 mol/L HCl 溶液浸泡后再按常规处理。

（2）装柱　将规格为 1.5 cm × 25 cm 的层析柱垂直固定，用水平尺校正垂直度。将处理好的 DEAE– 纤维素用 0.005 mol/L 磷酸盐缓冲液（pH 6.0）调稀，用倾斜法少量、分批倒入柱内，使离子交换纤维素均匀沉降，注意防止出现不均匀分层和气泡。柱床高距柱顶

2～3 cm 为宜。用 0.005 mol/L 磷酸盐缓冲液（pH 6.0）洗柱平衡，过夜；或者使流经柱床的平衡缓冲液体积至少是柱床体积的 5 倍左右，注意控制流速，防止柱层断层或干裂。

（3）上样　将柱床上层多余的液体放出或吸干，关闭层析柱出口流速夹，将上述乙醇分级后透析的酶液小心滴加到层析柱上表面，打开流速夹，使样品液流入柱层，并使液面正好与柱层表面持平，再次关闭流速夹。如加样的方法，在层析柱中加入一定高度的 0.005 mol/L 磷酸盐缓冲液（pH 6.0），再次打开流速夹，用 150 mL 0.005 mol/L 磷酸盐缓冲液洗柱，控制液体流速为 0.8 mL/min 左右（此液不含所需酶，可不收集，但需要隔几管检测是否有酶活性）。

（4）洗脱　当上述 150 mL 磷酸盐缓冲液全部流出之后，改用含 0.1 mol/L NaCl 溶液的 0.005 mol/L 磷酸盐缓冲液（pH 6.0）洗脱。洗脱速度控制在 0.8 mL/min，并用试管收集洗脱液，每管收集 5 mL。通常收集 7～10 管后，再改换含 0.2 mol/L NaCl 溶液的 0.005 mol/L 磷酸盐缓冲液（pH 6.0）洗脱。

（5）收集　从开始洗脱每隔一管测定一次蔗糖酶活性（方法见下述，但不用比色，只需要目测洗脱液颜色深浅，并与对照管相比较即可）。如果采用核酸蛋白质检测仪检测，则只需要检测核酸蛋白质检测仪的信号记录，判断是否有酶蛋白流出。记录为 E_3。测定其酶活性和蛋白质浓度。

6. 蔗糖酶的活性及蛋白浓度测定

（1）酶的活性测定

① 酶液稀释　将保存的 E_1、E_2 分别稀释 20 倍和 40 倍，E_3 酌情稀释，测定酶活性。

② 反应　取 4 支试管，1 支作为对照管，3 支用作测定管（每个样品做平行测定，以求平均值）。测定管中分别加入 2 mL 稀释的酶液，对照管中加入 2 mL 水，4 支管分别加入 50 g/L 蔗糖溶液 2 mL 作为底物，置于 35℃准确保温反应 10 min。之后，向各管中加入 1 mol/L NaOH 溶液各 0.5 mL，使酶失活，终止反应。

③ 显色测定　分别从上述 4 支试管中各取出 1 mL 反应液，向其中分别加入 3,5- 二硝基水杨酸试剂 1.5 mL，蒸馏水 1.5 mL，摇匀，煮沸 5 min，流水冷却，用蒸馏水稀释至 20 mL，于 540 nm 处测定吸光度。在葡萄糖标准曲线上查找所测吸光度对应的葡萄糖含量（mg），按下面公式计算酶活性。若吸光度过高，或检测不到，可调整酶液稀释倍数（一般吸光度应控制在 0.3～0.8）。

④ 酶活性计算　在本实验条件下，用每分钟催化产生 1 μg 葡萄糖的酶量定义为酶活性的一个活性单位数，即 1U。

$$\text{酶活性}=\frac{\text{葡萄糖含量}\times 10^{3}\times\text{酶液稀释倍数}}{10}\times\frac{4.5\times 25}{2}$$

（2）酶的比活力测定

① 酶液稀释　将保存的 E_1、E_2 分别稀释 20 倍和 40 倍，E_3 酌情稀释，测定样品蛋白质含量。

② 比活力测定　吸取酶稀释液 1 mL，放入试管中（每个样品重复 3 次），加入 5 mL 考马斯亮蓝 G–250 溶液，摇匀，2 min 后在 595 nm 处测定吸光度。对照样为 1 mL 蒸馏水加 5 mL 考马斯亮蓝 G–250 溶液（对照样应与样品同时测定）。通过蛋白质标准曲线查得样品中的蛋白质含量（μg）。代入下面公式计算比活力。以每毫克蛋白质中的酶活性来表示比活

力（U/mg）。

$$比活力=\frac{酶活性\times 稀释倍数}{蛋白质浓度\times 10^{-3}}$$

7. 结果的处理

上述实验所得的数值填入表 14–3，并计算结果。

表 14–3　实验结果记录表

样品	样品总体积 /mL	酶活性 /（$U\cdot mL^{-1}$）	总活性 /U	蛋白质浓度 /（$mg\cdot mL^{-1}$）	总蛋白质含量 /mg	比活力 /（$U\cdot mg^{-1}$）	纯化倍数	回收率 /%
E_1（粗抽提液）							1	100
E_2（乙醇分级）								
E_3（DEAE– 纤维素柱层析）								

总活性 = 酶活性（U/mL）× 样品总体积（mL）;

比活力 = 总活性（U）/ 总蛋白质含量（mg）;

纯化倍数 = 每次比活力 / 第一次比活力；

回收率 = 每次总活力 / 第一次总活力 ×100%。

【注意事项】

1. 乙醇分级时，注意低温，一滴一滴加入，边加边搅拌，沉淀后迅速离心分离。
2. 分离提纯的全过程，注意防止酶失活。
3. 层析柱要保持与地面垂直，往柱内加样品时要小心，避免过快冲击层析层表面。
4. 考马斯亮蓝 G–250 溶液测定蛋白质含量时，比色过程应在出现蓝色后 2 ~ 60 min 完成。

【实践应用】

酶的提取、分离和纯化是将酶从细胞或培养基中取出，再与杂质分开，而获得与使用目的、要求相适应的有一定纯度的酶产品的过程，包括抽提、纯化和制剂三个环节。自 1926 年从刀豆中提出脲酶结晶以来，迄今已有 200 种左右的酶制成结晶，相当数量的酶达到高度净化。酶的本性是蛋白质，凡可用于蛋白质分离纯化的方法都同样适用于酶，但酶易失活，故分离纯化须在低温（4℃）、温和 pH（4 < pH < 10）等条件下进行，与蛋白质类似，酶易在溶液表面或界面处形成薄膜而变性，因此操作中应尽量减少泡沫形成，此外重金属易使酶失效，有机溶剂能使酶变性，微生物污染以及蛋白酶的存在能使酶分解破坏，这些都应予以足够的重视。

酶分离纯化的最终目的是获得单一纯净的酶，因此，容许在不破坏“目的酶”的限度内，使用各种手段；酶与底物和抑制剂的结合常使其理化性质和稳定性发生改变，这种特性已被用于酶的分离纯化，由于酶及其来源的多样性及与之共存的高分子物质的复杂性，还很难找到一种通用的方法以适用于一切酶的纯化。为了使一种酶达到高度纯化，往往需要多种方法协同作用，通过酶活性的跟踪检测确定最佳流程。酶的分离纯化方法一般根据酶的相对分子质量、等电点、疏水性等性质，选择相应的沉淀、盐析、层析方法，其中亲和层析可以应用可逆性底物作为配基或特异性抗体，制备亲和层析胶。现有的酶分离纯化方法都是依据酶和杂蛋白在性质上的差异而建立的。根据分子大小而设计的方法，如离心分离法、筛膜分离法、凝胶过滤法等；根据溶解度大小分离的方法，如盐析法、有机溶剂沉淀法、共沉淀法等。

酶分离纯化技术的发展对于研究酶的催化机制以及酶分子结构和功能关系研究都具有重要的应用意义。

【思考与探索】

1. 3,5- 二硝基水杨酸比色法测定葡萄糖含量的原理是什么？
2. 3,5- 二硝基水杨酸比色法测定葡萄糖含量的优点是什么？
3. 为什么酶活性测定要在酶促反应初速率阶段进行？
4. 酶的纯化过程有哪些注意事项？

实验 15　蔗糖酶米氏常数的测定

【目的与原理】

1. 目的

（1）掌握用双倒数作图法求蔗糖酶米氏常数（K_m）的实验方法和原理。

（2）了解底物浓度与酶促反应速率之间的关系。

2. 原理

蔗糖酶（EC.3.2.1.26）是一种水解酶，它催化蔗糖水解为果糖和葡萄糖。因酶促反应前后旋光性发生了变化，故又称为转化酶。

该酶的反应速率用最适反应条件下，单位时间内催化 1 μmol 底物蔗糖转化为产物葡萄糖的量来衡量，葡萄糖的生成量可用比色法测定。3,5- 二硝基水杨酸（DNS）试剂与葡萄糖加热反应会生成棕红色的 3- 氨基 -5- 硝基水杨酸，在 DNS 试剂过量的条件下，葡萄糖的含量与反应液的呈色强度成正比，可在 540 nm 波长下比色测定吸光度，并计算相应的葡萄糖含量。

根据米氏方程 $v=\dfrac{v_{max}\cdot[S]}{K_m+[S]}$（式中 v 为酶促反应速率，v_{max} 为酶促最大反应速率，[S] 为底物浓度）得出重要常数——K_m，其物理学意义是：当酶促反应速率为最大反应速率一半时的底物浓度，单位用 mol/L 或 mmol/L 表示。

测定 K_m 和 v_{max} 的方法很多，一般最常用的是 Lineweaver-Burk 双倒数作图法。分别对米氏方程左右两式取倒数，经整理，可得到 $1/v$ 对 $1/[S]$ 的线性方程：

$$\frac{1}{v}=\frac{K_m}{v_{max}}\cdot\frac{1}{[S]}+\frac{1}{v_{max}}$$

实验时，分别测定不同底物浓度 [S] 下对应的反应速率 v，求出两者的倒数，以 $1/[S]$

为横坐标，$1/v$ 为纵坐标，作图，得到一系列数据对应的点，连接这些点可得到一条直线。如图 15-1 所示，该直线在横轴上的截距就是 $-1/K_m$，纵轴截距则为 $1/v_{max}$。通过测量截距就可计算出 K_m。

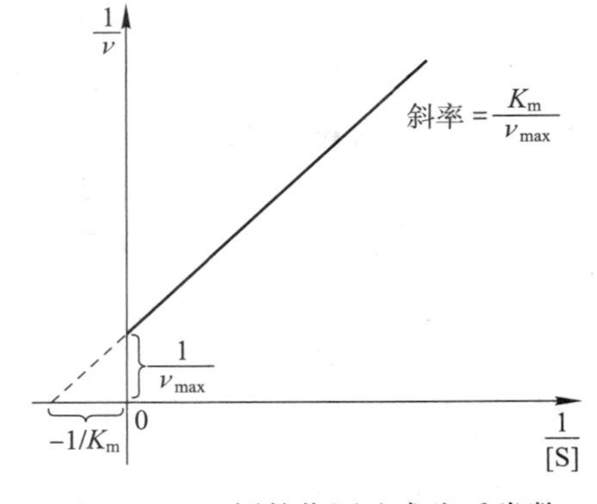

图 15-1　双倒数作图法求米氏常数

【实验材料与主要耗材】

1. 实验材料

酵母粉 20 g。

2. 主要耗材

牛皮纸 ×1，橡皮筋 ×1，药勺 ×1，刻度移液管（0.5 mL × 13、2 mL × 5），250 mL 三角瓶 ×1，玻璃棒 ×1，25 mL 刻度试管 ×12，离心管 ×4。

【仪器与设备】

分析天平，冷冻离心机，恒温水浴锅，制冰机，可见分光光度计。

【试剂与溶液配制】

1. 试剂

蔗糖，氢氧化钠（NaOH），3,5- 二硝基水杨酸，酒石酸钾钠，乙酸，甲苯，乙酸钠。

2. 溶液配制

（1）50 g/L 蔗糖溶液　称取 50 g 蔗糖，溶于 1 000 mL 水中。

（2）1 mol/L NaOH 溶液　称取 40 g NaOH，溶于 1 000 mL 水中。

（3）10 g/L 3,5- 二硝基水杨酸（DNS）试剂　称取 1 g 3,5- 二硝基水杨酸，溶于 20 mL 1 mol/L NaOH 溶液中，加入 50 mL 蒸馏水，再加 30 g 酒石酸钾钠，加热搅拌溶解后，用蒸馏水定容至 100 mL，于棕色瓶中避光保存。

（4）0.2 mol/L 乙酸 - 乙酸钠缓冲液（pH 4.6）　0.2 mol/L 乙酸钠溶液 49 mL 与 0.2 mol/L 乙酸溶液 51 moL 混合。

【实验步骤】

1. 蔗糖酶粗酶抽提液的制备

（1）酵母细胞活化　称取 20 g 酵母干粉，置于 250 mL 的三角瓶中，加 50 mL 水，置 35℃恒温水浴锅中保温，间歇摇匀，活化 1 h。

（2）细胞自溶　加入 1.2 g 乙酸钠及 20 mL 甲苯，摇匀，置于 35℃恒温水浴锅中，间歇搅拌，30 min 后观察细胞自溶现象。1 h 后摇匀酵母液，将三角瓶口用牛皮纸封口，并在纸上扎几个小眼，于 35℃保温过夜。

（3）粗酶抽提　第二天，将酵母液置冷冻离心机中，于 4℃条件下，4 000 r/min 离心 20 min。离心完毕，吸去上层清亮的甲苯，用药勺挡住块状黏稠物，倾斜离心管，倒出上清液，即粗酶抽提液，插入冰浴中备用。若不澄清，可再离心一次。可于 −20℃下长期保存。

2. 蔗糖酶活性的测定

（1）取 12 支 25 mL 刻度试管，1 号设为空白对照，其余试管依次编为 2 ~ 12 号。

（2）按表 15–1，将 1 ~ 12 号管内分别加入 0 ~ 2.0 mL 50 g/L 蔗糖溶液作为底物，再依次分别加入 0.00 ~ 2.00 mL 0.2 mol/L 乙酸 – 乙酸钠缓冲液（pH 4.6）。

（3）1 号对照管中加入 0.5 mL 1 mol/L NaOH 溶液，使酶失活。

（4）经 35℃预热 2 min 后，各管分别加入 2 mL 稀释的酶液，于 35℃下准确保温反应 10 min。

（5）向各测定管中依次加入 0.5 mL 1 mol/L NaOH 溶液，摇匀终止反应。

（6）分别吸取各管反应液 0.5 mL，加入已混合含有 1.5 mL 3,5– 二硝基水杨酸试剂和 1.5 mL 蒸馏水的试管中，于沸水浴加热 5 min，流水冷却后，加蒸馏水稀释至 25 mL，摇匀，在 540 nm 波长处比色测定吸光度。

3. 计算与测量

1 ~ 12 号试管的［S］见表 15–1。以 1/［S］为横坐标，相对反应速率（即吸光度）的倒数（1/v）为纵坐标，做出 1/［S］对 1/v 的直线图，由图求出蔗糖酶 K_m。

表 15–1 蔗糖酶 K_m 的测定

管号	酶底物反应物				活性测定			数据处理			
	50 g/L 蔗糖溶液 /mL	0.2 mol/L 乙酸 – 乙酸钠缓冲液 /mL	稀释的酶液 /mL	1 mol/L NaOH 溶液 /mL	反应液 /mL	3,5– 二硝基水杨酸试剂 /mL	蒸馏水 /mL	［S］	1/［S］	吸光度	1/v
1	0	2.00	2.00	0.5	0.5	1.5	1.5	0			
2	0.20	1.80	2.00	0.5	0.5	1.5	1.5	0.005 00	200.0		
3	0.25	1.75	2.00	0.5	0.5	1.5	1.5	0.006 25	160.0		
4	0.30	1.70	2.00	0.5	0.5	1.5	1.5	0.007 50	133.3		
5	0.35	1.65	2.00	0.5	0.5	1.5	1.5	0.008 75	114.3		
6	0.40	1.60	2.00	0.5	0.5	1.5	1.5	0.010 00	100.0		
7	0.50	1.50	2.00	0.5	0.5	1.5	1.5	0.012 50	80.0		
8	0.60	1.40	2.00	0.5	0.5	1.5	1.5	0.015 00	66.7		
9	0.80	1.20	2.00	0.5	0.5	1.5	1.5	0.020 00	50.0		
10	1.00	1.00	2.00	0.5	0.5	1.5	1.5	0.132 50	40.0		
11	1.50	0.50	2.00	0.5	0.5	1.5	1.5	0.037 50	26.7		
12	2.00	0	2.00	0.5	0.5	1.5	1.5	0.050 00	20.0		

【注意事项】

1. 酶液在使用前，可稀释，稀释倍数需要优化，使测得的吸光度在 0.2 ~ 0.7 为宜。
2. 要保证各测定管中酶促反应的时间严格一致。

【实践应用】

米氏常数是酶的特征常数，只与酶的种类有关而与酶的浓度无关，与底物的浓度也无关，因此，我们可以通过 K_m 来鉴别酶的种类。但是它会随着反应条件（如温度、pH）的改变而改变。米氏常数在酶学研究中的具有重要的意义，具体应用包括以下 7 点。

1. K_m 可以反映酶与底物亲和力的大小，即 K_m 越小，则酶与底物的亲和力越大；反之，则越小。

2. K_m 可用于判断反应级数。当 [S] < 0.01 K_m 时，$v = (v_{max}/K_m)[S]$，反应为一级反应，即反应速率与底物浓度成正比；当 [S] > 100 K_m 时，$v = v_{max}$，反应为零级反应，即反应速率与底物浓度无关；当 0.01 K_m < [S] < 100 K_m 时，反应处于零级反应和一级反应之间，为混合级反应。

3. K_m 是酶的特征性常数。在一定条件下，某种酶的 K_m 是恒定的，因而可以通过测定不同酶（特别是一组同工酶）的 K_m，来判断是否为不同的酶。

4. K_m 可用来判断酶的最适底物。如果一种酶可作用于多个底物，就有多个 K_m，其中最小 K_m 对应的底物就是酶的天然底物，可用 K_m 鉴定酶的种类，并可判断酶的最佳底物。

5. K_m 可用来确定酶活性测定时所需要的底物浓度。

6. 可用于酶的转换数的计算。当酶的总浓度和最大速率已知时，可计算出酶的转换数，即单位时间内每个酶分子催化底物转变为产物的分子数。

7. K_m 随不同底物而异的现象，可以帮助判断酶的专一性，有助于研究酶的活性部位。

【思考与探索】

1. 比较测定 K_m 的方法有哪些优缺点？
2. 试述底物浓度对酶促反应速率的影响。
3. 米氏方程中的 K_m 的实际应用是什么？
4. 测定酶的 K_m 可以作为鉴定酶的一种手段，为什么？

实验 16　温度与 pH 对蔗糖酶活性的影响

【目的与原理】

1. 目的

（1）掌握蔗糖酶的热稳定性和酸碱稳定性的测定方法。

（2）了解蔗糖酶酶促反应的最适温度和最适 pH，以及酶活性的测定原理。

2. 原理

蔗糖酶是一种水解酶，催化蔗糖水解成为果糖和葡萄糖，广泛存在于动植物和微生物中，主要从酵母中得到。酵母中的蔗糖酶含量很丰富，可从啤酒酵母中制取蔗糖酶。

蔗糖属非还原糖，而其水解成的果糖和葡萄糖含有自由的醛基，则为还原糖，能使 3,5- 二硝基水杨酸还原，生成棕红色的 3- 氨基 -5- 硝基水杨酸，在一定范围内还原糖的量与反应液颜色的深浅成正比，因此可利用比色法测定不同温度和不同 pH 下蔗糖酶的活性，进而确定蔗糖酶酶促反应速率的最适温度和最适 pH。

【实验材料与主要耗材】

1. 实验材料

蔗糖酶（提取方法见实验 15）。

2. 主要耗材

18 mm × 180 mm 试管 ×11，刻度移液管（0.5 mL × 6、2 mL × 3、5 mL × 3）。

【仪器与设备】

恒温水浴锅，可见分光光度计。

【试剂与溶液配制】

1. 试剂

蔗糖，氢氧化钠（NaOH），3,5- 二硝基水杨酸，酒石酸钾钠，柠檬酸（$C_6H_8O_7 \cdot H_2O$），柠檬酸钠（$Na_3C_6H_5O_7 \cdot 2H_2O$）。

2. 溶液配制

（1）50 g/L 蔗糖溶液　称取 50 g 蔗糖，溶于 1 000 mL 水中。

（2）1 mol/L NaOH 溶液　称取 40 g NaOH，溶于 1 000 mL 水中。

（3）10 g/L 3,5- 二硝基水杨酸试剂　将 1 g 3,5- 二硝基水杨酸溶于 20 mL 2 mol/L NaOH 溶液，加入 50 mL 蒸馏水，再加入 30 g 酒石酸钾钠，待溶解后用蒸馏水定容至 100 mL。存放时盖紧瓶塞，防止 CO_2 进入。

（4）各种 pH 的 0.1 mol/L 柠檬酸 – 柠檬酸钠缓冲液（表 16–1）。

0.1 mol/L 柠檬酸溶液（含 $C_6H_8O_7 \cdot H_2O$ 21.01 g/L）；

0.1 mol/L 柠檬酸钠溶液（含 $Na_3C_6H_5O_7 \cdot 2H_2O$ 29.4 g/L）。

表 16–1　各种 pH 的 0.1 mol/L 柠檬酸 – 柠檬酸钠缓冲液的配制

pH	0.1 mol · L^{-1} 柠檬酸溶液 /mL	0.1 mol · L^{-1} 柠檬酸钠溶液 /mL
2.0	100	0
3.0	82	18
4.6	44.5	55.5
6.0	11.5	88.5
7.0	0	100

【实验步骤】

1. 热稳定性测定

取 6 支试管，0 号为空白对照，其余试管编为 1 ~ 5 号。按表 16–2，各管内分别加入相应的试液，并进行相应处理。

表 16-2　热稳定性的分析

管号	0	1	2	3	4	5
50 g・L^{-1} 蔗糖溶液 /mL	2	2	2	2	2	2
各温度预处理 2 min/℃	—	0	15	35	55	100
1 mol・L^{-1} NaOH 溶液 /mL	0.5	—	—	—	—	—
酶液 /mL	—	2	2	2	2	2
处理	各温度下准确保温反应 10 min					
1 mol・L^{-1} NaOH 溶液 /mL	—	0.5	0.5	0.5	0.5	0.5
10 g・L^{-1} 3,5- 二硝基水杨酸试剂 /mL	1.5	1.5	1.5	1.5	1.5	1.5
处理	煮沸 5 min，流水冷却，稀释					

以反应温度为横坐标，A_{540}（代表相对反应速率）为纵坐标，绘制温度 - 酶活性曲线，求出蔗糖酶在本实验条件下的最适温度。

2. 酸碱稳定性测定

取 5 支试管，0 号为空白对照，其余试管编为 1 ~ 4 号，按表 16-3，在各管内分别加入相应试剂，并进行相应处理。

表 16-3　酸碱稳定性的分析

管号	0	1	2	3	4
反应 pH	2.0	3.0	4.6	6.0	7.0
50 g・L^{-1} 蔗糖溶液 /mL	2	2	2	2	2
相应 pH 柠檬酸 – 柠檬酸钠缓冲液 /mL	0.5	0.5	0.5	0.5	0.5
1 mol・L^{-1} NaOH 溶液 /mL	0.5	—	—	—	—
处理	35℃，预热 2 min				
酶液 /mL	2	2	2	2	2
处理	35℃，准确反应 10 min				
1 mol・L^{-1} NaOH 溶液 /mL	—	0.5	0.5	0.5	0.5
10 g・L^{-1} 3,5- 二硝基水杨酸试剂 /mL	1.5	1.5	1.5	1.5	1.5
处理	煮沸 5 min，流水冷却，稀释				

以反应 pH 为横坐标，A_{540}（代表相对反应速率）为纵坐标，绘制 pH- 酶活性曲线，求出蔗糖酶在本实验条件下的最适 pH。

【注意事项】

1. 各管酶促反应的时间一定要一致，所加的试液量要准确，否则影响反应结果。
2. 加入 3,5- 二硝基水杨酸试剂反应后的稀释倍数要一致。

【实践应用】

蔗糖酶也称为转化酶，蔗糖酶水解蔗糖后，得到比蔗糖的溶解度和甜度更高的糖液，可用于巧克力、冰激凌、蜜饯，以及各种糖果、果酱中。也可用于生产人造蜂蜜及从食品中除去蔗糖。

【思考与探索】

1. 1 mol/L NaOH 溶液在反应中的作用是什么？
2. 加入 3,5- 二硝基水杨酸试剂反应后，稀释倍数与酶活性有没有关系？
3. 蔗糖酶活性测定有没有其他方法？

实验 17　血清转氨酶活性的测定

【目的与原理】

1. 目的

（1）掌握血清转氨酶的测定方法和原理。

（2）了解转氨酶在代谢中的作用以及血清转氨酶在临床诊断上的应用。

2. 原理

在氨基酸代谢中，转氨酶的作用非常重要，它们催化 α- 氨基酸的氨基转移到 α- 酮酸的酮基上，产生新的 α- 酮酸和新的 α- 氨基酸。

谷丙转氨酶（GPT）催化丙氨酸与 α- 酮戊二酸之间的氨基转换作用，产生谷氨酸和丙酮酸。反应式如下：

$$\underset{\text{丙氨酸}}{\begin{array}{c} COOH \\ | \\ H-C-NH_2 \\ | \\ CH_3 \end{array}} + \underset{\alpha\text{-酮戊二酸}}{\begin{array}{c} COOH \\ | \\ C=O \\ | \\ CH_2 \\ | \\ CH_2 \\ | \\ COOH \end{array}} \underset{37℃}{\overset{GPT}{\rightleftharpoons}} \underset{\text{谷氨酸}}{\begin{array}{c} COOH \\ | \\ H-C-NH_2 \\ | \\ CH_2 \\ | \\ CH_2 \\ | \\ COOH \end{array}} + \underset{\text{丙酮酸}}{\begin{array}{c} COOH \\ | \\ C=O \\ | \\ CH_3 \end{array}}$$

谷草转氨酶（GOT）能催化天冬氨酸与 α- 酮戊二酸之间的氨基移换作用，产生草酰乙酸和谷氨酸。反应式如下：

$$\underset{\text{天冬氨酸}}{\begin{array}{c} COOH \\ | \\ H-C-NH_2 \\ | \\ CH_2 \\ | \\ COOH \end{array}} + \underset{\alpha\text{-酮戊二酸}}{\begin{array}{c} COOH \\ | \\ C=O \\ | \\ CH_2 \\ | \\ CH_2 \\ | \\ COOH \end{array}} \underset{37℃}{\overset{GOT}{\rightleftharpoons}} \underset{\text{谷氨酸}}{\begin{array}{c} COOH \\ | \\ H-C-NH_2 \\ | \\ CH_2 \\ | \\ CH_2 \\ | \\ COOH \end{array}} + \underset{\text{草酰乙酸}}{\begin{array}{c} COOH \\ | \\ C=O \\ | \\ CH_2 \\ | \\ COOH \end{array}}$$

谷丙转氨酶（GPT）催化反应中产生的丙酮酸，可与2,4- 二硝基苯肼反应，生成丙酮酸二硝基苯腙，丙酮酸二硝基苯腙在强碱性溶液中呈现棕红色，根据颜色深浅通过比色测定即可了解生成丙酮酸的量，并可计算GPT的活性。谷草转氨酶（GOT）催化反应中生成的草酰乙酸可自行转化成丙酮酸，生成的丙酮酸测定方法同GPT的测定。

$$\underset{\text{丙酮酸}}{CH_3-C(=O)-COOH} + \underset{\text{2,4-二硝基苯肼}}{NH_2-NH-C_6H_3(NO_2)_2} \longrightarrow \underset{\text{丙酮酸二硝基苯腙（棕红色）}}{CH_3-C(COOH)=N-NH-C_6H_3(NO_2)_2} + H_2O$$

【实验材料与主要耗材】

1. 实验材料

新鲜血清。

2. 主要耗材

试管 ×12，刻度移液管（0.5 mL × 2、5 mL × 2、10 mL × 1）。

【仪器与设备】

电子天平，可见分光光度计，恒温水浴锅。

【试剂与溶液配制】

1. 试剂

磷酸二氢钾（KH_2PO_4），磷酸氢二钾（$K_2HPO_4 \cdot 3H_2O$），丙酮酸钠，硫酸（H_2SO_4），氢氧化钠（NaOH），2,4- 二硝基苯肼，盐酸（HCl），DL- 丙氨酸，α- 酮戊二酸，DL- 天冬氨酸，氯仿。

2. 溶液配制

（1）0.1 mol/L 磷酸盐缓冲液（pH 7.4） 称取 KH_2PO_4 2.69 g 和 $K_2HPO_4 \cdot 3H_2O$ 13.97 g，加蒸馏水溶解后调节 pH 至 7.4，然后定容至 1 000 mL。

（2）2 mmol/L 丙酮酸标准溶液 准确称取丙酮酸钠 22 mg，置于 100 mL 容量瓶中，以 0.1 mol/L H_2SO_4 溶液溶解并稀释至刻度，现用现配。

（3）0.4 mol/L NaOH 溶液 称取 1.6 g NaOH，溶于 100 mL 水中。

（4）1 mmol/L 2,4- 二硝基苯肼溶液 精确称取 2,4- 二硝基苯肼 19.8 mg，溶于 10 mol/L HCl 溶液中，溶解后再加蒸馏水定容至 100 mL。贮于棕色瓶中，冷藏备用。

（5）GPT 基质液（200 mmol/L DL- 丙氨酸，2 mmol/L α- 酮戊二酸） 精确称取 DL- 丙氨酸 1.79 g 和 α- 酮戊二酸 29.2 mg，先溶于 0.1 mol/L 磷酸盐缓冲液（约 50 mL）中，然后以 1 mol/L NaOH 溶液调节 pH 至 7.4，再用 0.1 mol/L 磷酸盐缓冲液稀释至 100 mL。在冰箱中可保存一周，或加氯仿数滴防腐，可保存一个月。

（6）GOT 基质液（200 mmol/L DL- 天冬氨酸，2 mmol/L α- 酮戊二酸） 精确称取 α- 酮戊二酸 29.2 mg 和 DL- 天冬氨酸 2.66 g，置于一小烧杯中，加入 0.1 mol/L 磷酸盐缓冲液 50 mL 溶解，并以 1 mol/L NaOH 溶液调节 pH 至 7.4，然后用 0.1 mol/L 磷酸盐缓冲液稀释至

100 mL，放冰箱保存（加氯仿数滴防腐）。

【实验步骤】

1. 丙酮酸标准曲线的制作

取 6 支试管，以 1 号为对照管，2～6 号为样品管，按表 17–1 操作。

表 17–1　丙酮酸标准曲线的制作

管号	1	2	3	4	5	6
2 mmol·L^{-1} 丙酮酸标准溶液 /mL	0	0.05	0.10	0.15	0.20	0.25
GPT（或 GOT）基质液 /mL	0.50	0.45	0.40	0.35	0.30	0.25
0.1 mol·L^{-1} 磷酸盐缓冲液（pH 7.4）/mL	0.10	0.10	0.10	0.10	0.10	0.10
丙酮酸的含量 /（mmol）	0	0.10	0.20	0.30	0.40	0.50
处理	混匀，置 37℃水浴 5 min					
1 mmol·L^{-1} 2,4– 二硝基苯肼溶液 /mL	0.50	0.50	0.50	0.50	0.50	0.50
处理	混匀，置 37℃水浴 20 min					
0.4 mol·L^{-1} NaOH 溶液 /mL	5.0	5.0	5.0	5.0	5.0	5.0
处理	混匀后，再置 37℃水浴 10 min，取出冷却至室温，在 520 nm 处比色，以空白对照调零点，读取各管吸光度					

测得吸光度后，以吸光度为纵坐标，丙酮酸的含量为横坐标，绘制丙酮酸标准曲线。

2. 血清样品 GOT 和 GPT 酶活性的测定

按表 17–2，除 NaOH 溶液外，将测定所用的试液先置于 37℃水浴预温至 37℃后，再按顺序操作。

测得各管吸光度后，将两种酶的管 1 和管 2 取平均值，在上述制作的丙酮酸标准曲线上查得相应丙酮酸的含量（mmol）记作 $c_{血清}$。

3. 结果计算

每毫升血清在 37℃、pH 为 7.4 条件下，与基质作用 30 min，生成 1 mmol 丙酮酸即为 1 个酶活性单位（U）。

$$血清中转氨酶活性 = c_{血清} \times 10$$

表 17–2　血清样品 GOT 和 GPT 酶活性的测定

管号	GOT			GPT		
	测定管 1	测定管 2	空白管	测定管 1	测定管 2	空白管
新鲜血清 /mL	0.1	0.1	—	0.1	0.1	—
GOT 基质液 /mL	0.5	0.5	0.5	—	—	—
GPT 基质液 /mL	—	—	—	0.5	0.5	0.5
酶促反应	混匀，置 37℃水浴 30 min					

续表

管号	GOT			GPT		
	测定管 1	测定管 2	空白管	测定管 1	测定管 2	空白管
1 mmol · L^{-1} 2,4– 二硝基苯肼溶液 /mL	0.5	0.5	0.5	0.5	0.5	0.5
0.1 mol · L^{-1} 磷酸盐缓冲液（pH 7.4）/mL	—	—	0.1	—	—	0.1
处理	混匀，置 37℃水浴 20 min					
0.4 mol · L^{-1} NaOH 溶液 /mL	5	5	5	5	5	5

【注意事项】

1. 酶活性测定时各管的温度、酶作用的时间、试剂加入量要严格掌握。
2. 血清样本应避免溶血，及时分离血清。
3. 仪器应清洁，不应含有酶的抑制剂和变性剂。
4. 丙酮酸钠发现颜色变黄或潮解不可再用。

【实践应用】

生物体内广泛存在多种转移酶，其中谷草转氨酶（GOT）在心肌中含量较高，肝中次之；谷丙转氨酶（GPT）在肝中含量最多。正常情况下血清中酶活性很低。当这些组织病变、细胞坏死或通透性增强时，细胞内酶释放入血，使血清中的酶活性增高。因此血清转氨酶的测定在临床上有重要意义。

【思考与探索】

1. 什么是转氨基作用，测定转氨酶的原理是什么？
2. 测转氨酶活性的临床意义是什么？

实验 18　胰蛋白酶活性的测定

【目的与原理】

1. 目的

（1）了解胰蛋白酶活性测定的原理。

（2）掌握紫外分光光度计使用的方法及注意事项。

2. 原理

胰蛋白酶（trypsin，EC.3.4.21.4）通常是以无活性的胰蛋白酶原（trypsinogen）形式存在于动物的胰中。在生理条件下，胰蛋白酶原随胰液分泌到十二指肠后，在小肠上腔有钙离子的环境中被肠激酶或胰蛋白酶所激活，其肽链 N 端的赖氨酸与异亮氨酸之间的一个肽键被水解而失去一个酸性六肽，分子构象发生改变，转变成有生物活性的胰蛋白酶。

胰蛋白酶相对分子质量为 2.34×10^4，等电点 pI 为 10.8。胰蛋白酶在酸性条件下稳定，通常在 pH 3.0 的溶液内 4℃可存放数月至 2 年，其活性无显著变化。当溶液的 pH 小于 2.5 时，胰蛋白酶易变性；pH 大于 5.0 时，容易发生自溶；pH 为 7.6 ~ 8.0 时，其催化水解的活性最佳。

胰蛋白酶催化水解蛋白质的能力，表现在它对碱性氨基酸（如精氨酸、赖氨酸）的羧基与其他氨基酸所形成的肽键具有高度的专一性。此外，还能催化水解由碱性氨基酸所形成的酰胺键和酯键，如把人工合成的 *N*– 苯甲酰 –L– 精氨酸乙酯（BAEE）水解为 *N*– 苯甲酰 –L– 精氨酸（BA）。胰蛋白酶对这些化学键催化水解活性的敏感性依次是酯键 > 酰胺键 > 肽键。因此，可以利用含有这些化学键人工合成的化合物（如 BAEE）为底物测定胰蛋白酶的活性。

胰蛋白酶所催化的上述反应中，产物 BA 对 253 nm 的光吸收远大于 BAEE，因此可以在实验起始点把 253 nm 的吸光度调为零，然后记录反应体系对 253 nm 的吸光度增量，并把这个增量作为测定胰蛋白酶的活性指标。

$$\text{BAEE} + H_2O \xrightarrow[\text{pH 8.0}]{\text{胰蛋白酶，}Ca^{2+}} \text{BA} + C_2H_5OH$$

BAEE: $NH{=}C(NH_2)\text{–}NH\text{–}(CH_2)_3\text{–}CH(NH\text{–}CO\text{–}C_6H_5)\text{–}C(=O)\text{–}O\text{–}C_2H_5$

BA: $NH{=}C(NH_2)\text{–}NH\text{–}(CH_2)_3\text{–}CH(NH\text{–}CO\text{–}C_6H_5)\text{–}C(=O)\text{–}OH$

在底物 BAEE 浓度为 1 mmol/L，光程 1 cm，波长 253 nm，温度 25℃，测量体积 3 mL 的条件下，吸光度每分钟递增 0.001（ΔA/min = 0.001）为 1 个胰蛋白酶活性单位。

【实验材料与主要耗材】

1. 实验材料

胰蛋白酶。

2. 主要耗材

试管 ×2，200 μL 加样枪头若干，5 mL 刻度移液管 ×2，滤纸和擦镜纸若干。

【仪器与设备】

紫外分光光度计，石英比色皿，微量移液器（200 μL）。

【试剂与溶液配制】

1. 试剂

N– 苯甲酰 –L– 精氨酸乙酯（BAEE），36% 乙酸，胰蛋白酶，盐酸（HCl），三羟甲基氨基甲烷（Tris）。

2. 溶液配制

（1）1 mg/mL 胰蛋白酶样品　取 1 mg 胰蛋白酶粉溶于 1 mL 水中。

（2）0.05 mol/L Tris-HCl 缓冲液（pH 7.8）　50 mL 0.1 mol/L Tris 溶液与 34.5 mL 0.1 mol/L HCl 溶液混匀后，加水稀释至 100 mL。

（3）2 mmol/L BAEE 溶液　称取 86 ~ 98 mg BAEE，蒸馏水溶解，定容至 100 mL。

（4）20% 乙酸溶液　20 mL 36% 乙酸加水稀释至 36 mL 即可。

【实验步骤】

（1）取 2 支试管，分别标号为 1、2，1 号为空白管，2 号为测定管，按照表 18-1 顺序加入各相关试剂。

表 18-1　胰蛋白酶活性测定加样顺序

管号	空白管	测定管
0.05 mol·L^{-1} Tris-HCl 缓冲液（pH 7.8）/mL	3.00	3.00
2 mmol·L^{-1} BAEE 溶液 /mL	2.80	2.80
去离子水 /mL	0.18	—
1 mg·mL^{-1} 胰蛋白酶样品 /mL	—	0.18
总体积 /mL	5.98	5.98

（2）以空白管校正 253 nm 处吸光度至 0，测定管中加入胰蛋白酶样品后立即混匀。在 30 s 内，向石英比色皿中准确加入 3 mL 待测样品，在紫外分光光度计上测定 253 nm 处吸光度，同时记录时间。

（3）每间隔 1 min 读取 253 nm 处吸光度一次，至 6 min 终止读数。测定组测得 ΔA 在 0.05 ~ 0.10 数据视为有效。

（4）结果计算　计算平均每分钟 253 nm 处吸光度的增加值，即 ΔA。

$$\Delta A = [(A_{6\,\text{min}} - A_{3\,\text{min}}) \div 3 + (A_{5\,\text{min}} - A_{2\,\text{min}}) \div 3 + (A_{4\,\text{min}} - A_{1\,\text{min}}) \div 3] \div 3$$

$$\text{酶的总活性} = \Delta A \div 0.001$$

$$\text{酶蛋白含量} = 1 \times 0.18 \times (3 \div 5.98)$$

$$\text{比活力} = \text{酶的总活性（U）/ 酶蛋白含量（mg）}$$

【注意事项】

1. 微量移液器在吸取液体时避免平置、倒置等状态，防止液体流入微量移液器腔体内。
2. 微量移液器用后要调至最大量程放置。
3. 测吸光度之前要分别用水和样品润洗石英比色皿。
4. 滤纸用于吸干石英比色皿上残留的液体，擦镜纸用于擦拭石英比色皿的光面。
5. 石英比色皿用完后要用水清洗干净，并倒扣晾干。
6. 在 30 s 内，完成向石英比色皿中准确加入 3 mL 待测样品，在紫外分光光度计上测定吸光度。

【实践应用】

胰蛋白酶是一种蛋白水解酶，主要用于生物化学研究、蛋白质的结构分析和序列研究、蛋白质的消化和分解研究，临床上常用于治疗各种炎症、溃疡、创伤、血肿、水肿、瘢痂及其他皮肤疾患，也可用于治疗肺气肿、支气管炎等疾病。

【思考与探索】

紫外分光光度计测定胰蛋白酶活性的实验原理是什么？

实验 19　过氧化物酶同工酶提取及聚丙烯酰胺凝胶电泳分离

【目的与原理】

1. 目的

（1）掌握聚丙烯酰胺凝胶电泳技术的原理和操作过程。

（2）了解同工酶电泳技术操作的注意事项和不连续凝胶电泳的优点。

2. 原理

同工酶是指生物体内催化相同反应但分子结构不同的一组酶。同工酶与生物的发育阶段、遗传表达、代谢调节和抗逆性等都有紧密的关系。过氧化物酶（peroxidase，POD）同工酶是植物体内普遍存在的高活性抗氧化酶之一。它与呼吸作用、光合作用及逆境条件下细胞的抗氧化作用都有关系，在生物的生长发育过程中也不断变化着。利用同工酶分子大小和形状差异，可以用凝胶电泳技术将其分离。

单体丙烯酰胺（Acr）和交联剂甲叉双丙烯酰胺（Bis）在催化剂作用下聚合交联，生成聚丙烯酰胺凝胶。凝胶颗粒是网状结构的高分子聚合物，孔径大小由单体和交联剂的浓度调节。本实验采用不连续凝胶电泳系统，将过氧化物酶（POD）同工酶进行分离，具有重要的应用价值。

过氧化物酶能催化过氧化氢氧化联苯胺，生成蓝色或棕色产物，故电泳后的凝胶置于有过氧化氢和联苯胺的染色液中，凝胶中含过氧化物酶的条带就显示为有色酶谱带。

【实验材料与主要耗材】

1. 实验材料

经不同浓度梯度 NaCl 溶液处理 3 天的小麦幼苗（NaCl 溶液浓度梯度可自行设置）。

2. 主要耗材

250 mL 烧杯 ×2，研钵 ×1，10 cm 长细针头 ×1，玻璃棒 ×1，滴管 ×1，5 mL 注射器 ×1，胶布 ×1，橡皮垫 ×1，离心管 ×4，洗耳球 ×1，加样枪头若干。

【仪器与设备】

烘箱，电泳仪，离心机，圆盘电泳槽，层析冷柜，电泳玻璃管（内径 0.5 cm× 长 10 cm），制冰机，抽滤瓶，染色槽，脱色摇床，凝胶成像系统，分析天平，微量移液器（100 μL、1 mL）。

【试剂与溶液配制】

1. 试剂

甲叉双丙烯酰胺（Bis），丙烯酰胺（Acr），三羟甲基氨基甲烷（Tris），盐酸（HCl），四甲基乙二胺（TEMED），核黄素，氢氧化钠（NaOH），过硫酸铵（AP），蔗糖，甘氨酸，36% 乙酸，溴酚蓝，甘油，联苯胺，无水乙酸，过氧化氢，抗坏血酸。

2. 溶液配制

（1）分离胶贮液（A 液）　称取 Bis 0.8 g 溶解后，再加 Acr 30 g，用双蒸水溶解后定容至 100 mL。

（2）分离胶缓冲液（pH 8.9 Tris-HCl 缓冲液，B 液）　1 mol/L HCl 溶液 48 mL，Tris 36.6 g，TEMED 0.28 mL，调 pH 至 8.9 后定容至 100 mL。

（3）浓缩胶贮液（C 液）　称取 Bis 2.5 g、Acr 10 g，溶解后定容至 100 mL。

（4）浓缩胶缓冲液（pH 6.7 Tris-HCl 缓冲液，D 液）　Tris 5.98 g，1 mol/L HCl 溶液 48 mL，TEMED 0.48 mL，调 pH 至 6.7 后定容至 100 mL。

（5）0.04 g/L 核黄素溶液（E 液）　光聚合催化剂。称取 4 mg 核黄素，用两滴 1 mol/L NaOH 溶液溶解，再用双蒸水定容至 100 mL。

（6）1.5 g/L 过硫酸铵溶液（F 液）　化学聚合催化剂。称取 15 mg 过硫酸铵溶解于 10 mL 双蒸水，每次用前现配。

（7）400 g/L 蔗糖溶液（G 液）　40 g 蔗糖溶解于 100 mL 双蒸水中。

（8）电极缓冲液（pH 8.3 Tris- 甘氨酸缓冲液）　称取 Tris 6 g，甘氨酸 28.8 g，溶解后调 pH 至 8.3，定容至 1 000 mL（用时稀释 10 倍）。

（9）样品提取缓冲液（pH 8.0 Tris-HCl 缓冲液）　称取 Tris 1.21 g，加双蒸水 100 mL 溶解，用 1 mol/L HCl 溶液调 pH 至 8.0。

（10）7% 乙酸　36% 乙酸溶液 19.4 mL 稀释至 100 mL。

（11）5 g/L 溴酚蓝溶液　0.5 g 溴酚蓝溶解于 50 mL 双蒸水中，再加 50 mL 甘油，混溶。

（12）染色液

a 液　联苯胺溶液，2 g 联苯胺溶于 18 mL 无水乙酸中，加双蒸水 72 mL；

b 液　6 g/L 过氧化氢溶液（现配）；

a 液 20 mL + b 液 20 mL + 抗坏血酸 70.4 mg + H_2O 50 mL，混匀后即可使用。

【实验步骤】

1. 玻璃管制备

取两端切口磨平的玻璃管 12 支，离管口 2 cm 划一圈水平刻度线，洗净烘干。管底端用小块胶布粘口，再用橡皮垫密封。

2. 分离胶制备

配胶比例：A 液：B 液：H_2O：F 液 = 2：1：1：4（体积比），将前 3 种试液按比例混合后和 F 液分别放入抽滤瓶，抽气 10 min，取出后用玻璃棒轻轻搅拌使其混合。立即用滴管将其沿管壁注入玻璃管，至距管顶 2 cm 处为止，缓缓沿管壁在胶面上加一薄层蒸馏水，防止凝胶和空气中的 O_2 接触，并使其压平胶面的弯月面。水层下有一清楚的界面时，表明胶已聚合，用滤纸条吸去水层，拔掉玻璃管下端胶布和橡皮垫。

3. 浓缩胶制备

配胶比例：C 液：D 液：G 液：E 液 = 2：1：4：1（体积比），同分离胶一样，抽滤后再混合，然后装入分离胶上面约 1 cm 厚，表面覆盖水层，置阳光或日光灯下照射，约 20 min 后，浓缩胶聚合成乳白色，吸取表面水分。将凝胶管装到圆盘电泳槽上槽圆孔中，上管口露出约 1.5 cm。

4. 样品的制备

称取处理的小麦幼苗 0.5 g，放入研钵中，加 1 mL 样品提取缓冲液，于冰水浴中研成匀浆，用 10 mL 提取液分数次洗涤移入离心管，于 4 000 r/min 离心 10 min，取上清液与等量 G 液混合，用于点样。

5. 装槽

（1）装下槽电极缓冲液　将稀释 10 倍的电极缓冲液 400 mL 放入下槽，安好装有凝胶柱玻璃管的上槽。

（2）装上槽电极缓冲液　将稀释 10 倍的电极缓冲液倒入上槽，淹没管口 1 cm 高处为止。

6. 点样

用微量移液器吸取 60 μL 样品液和一滴 5 g/L 溴酚蓝溶液，混匀后加入凝胶管上端，注意赶尽凝胶管两头的气泡。

7. 电泳

把电泳槽放入层析冷柜内，以上槽为负极，下槽为正极，与电泳仪连接。闭合电源开关，设置电泳条件，开始电泳。前半小时每管电流 2 mA，15 min 后增至每管 4 mA，当溴酚蓝指示剂距管底约 1 cm 处时停止电泳。

8. 剥胶

分别回收上、下槽电极缓冲液（因经电泳后，下槽缓冲液混入了催化剂及氯离子，所以不能混合）。拔下所有凝胶管，用 5 mL 注射器注满水，安装 10 cm 长细针头，沿管壁内侧穿入，边前进边注水，边转动玻璃管，借水的润滑作用和针头的刮切作用把胶柱剥离，然后用洗耳球轻轻吹出胶柱。

9. 染色

于染色槽中加入染色液，淹没整个胶柱，使其显色，当过氧化物酶同工酶区带出现蓝色条带后（约 5 min），取出，用双蒸水漂洗，蓝色渐变为棕色，即得过氧化物酶同工酶的红褐色酶谱。

10. 记录照相

倾去染色液，放入 7% 乙酸脱色，静置，于凝胶成像系统拍照或绘图。

【注意事项】

1. Acr 和 Bis 具有神经毒性，操作时应避免与皮肤接触，需要戴手套操作。

2. 过硫酸铵溶液最好是当天配制。丙烯酰胺和甲叉双丙烯酰胺固体应贮于棕色瓶中，只要保持干燥，于较低温度（4℃）下很稳定。

3. 若室温过高，可适当降低电流强度，延长电泳时间，最好使用循环水冷却系统或将电泳槽放在层析冷柜中电泳。

【实践应用】

采用不连续聚丙烯酰胺凝胶圆盘电泳，分离和比较不同处理或发育阶段生物体的过氧化物酶同工酶，方法简便，灵敏度高，重复性强。如果要检测其他种类的同工酶，基本步骤相同，针对酶调整相应的染色示踪方法即可。

【思考与探索】

1. 凝胶聚合速率或慢或快，其中的原因是什么?

2. 电泳中“微笑”带形（两边翘起中间凹下）、“皱眉”带形（两边向下中间鼓起）和拖尾现象发生的原因及解决方法是什么?

3. 试述样品通过凝胶电泳分离的原理。

实验 20 酯酶同工酶提取及聚丙烯酰胺凝胶电泳分离

【目的与原理】

1. 目的

理解聚丙烯酰胺凝胶电泳分离蛋白质的基本原理。

2. 原理

蛋白质分子在碱性溶液中带负电荷，能够向正极移动，酸性环境则相反。不同带电粒子因所带电荷不同，或所带电荷相同但荷质比不同，在同一电场中电泳，经一定时间后，由于移动距离不同而相互分离。分开的距离与外加电场的电压和电泳时间成正比。电泳的速率与带电多少及凝胶孔径大小相关。

【实验材料与主要耗材】

1. 实验材料

鲜金针菇。

2. 主要耗材

烧杯（50 mL × 1、1 000 mL × 1），1 000 mL 量筒 × 1，1.5 mL 离心管若干，研钵 × 1，培养皿 × 1，玻璃棒 × 1，加样枪头若干。

【仪器与设备】

烘箱，电泳仪，离心机，垂直板电泳槽，分析天平，微量移液器（1 mL、20 μL、10 μL），制冰机。

【试剂与溶液配制】

1. 试剂

甲叉双丙烯酰胺（Bis），丙烯酰胺（Acr），三羟甲基氨基甲烷（Tris），盐酸（HCl），四甲基乙二胺（TEMED），过硫酸铵（AP），甘氨酸，36% 乙酸，溴酚蓝，甘油，无水乙酸，磷酸氢二钠（Na_2HPO_4），磷酸二氢钠（NaH_2PO_4），α- 乙酸萘酯，β- 乙酸萘酯，丙酮，固蓝 RR 盐。

2. 溶液配制

（1）分离胶贮液（A 液）　称取 Bis 0.8 g 溶解后，再加 Acr 30 g，用双蒸水溶解后定容至 100 mL。

（2）分离胶缓冲液（pH 8.9 Tris-HCl 缓冲液，B 液）　1 mol/L HCl 溶液 48 mL，Tris 36.6 g，TEMED 0.28 mL，调 pH 至 8.9 后定容至 100 mL。

（3）1.5 g/L 过硫酸铵溶液（C 液）　化学聚合催化剂。称取 15 mg 过硫酸铵溶解于 10 mL 双蒸水，每次用前现配。

（4）电极缓冲液（pH 8.3 Tris- 甘氨酸缓冲液）　称取 Tris 6 g，甘氨酸 28.8 g，溶解后调 pH 至 8.3，定容至 1 000 mL（用时稀释 10 倍）。

（5）样品提取缓冲液（pH 8.0 Tris-HCl 缓冲液）　称取 Tris 1.21 g，加双蒸水 100 mL 溶解，用 1 mol/L HCl 溶液调 pH 至 8.0。

（6）7% 乙酸　36% 乙酸溶液 19.4 mL 稀释至 100 mL。

（7）5 g/L 溴酚蓝溶液　0.5 g 溴酚蓝溶解于 50 mL 双蒸水中，再加 50 mL 甘油，混溶。

（8）0.2 mol/L 磷酸盐缓冲液（pH 6.4）

a 液（0.2 mol/L Na_2HPO_4 溶液）　称取 35.61 g $Na_2HPO_4 \cdot 2H_2O$ 溶于 1 000 mL 水中；

b 液（0.2 mol/L NaH_2PO_4 溶液）　称取 27.6 g $NaH_2PO_4 \cdot H_2O$ 溶于 1 000 mL 水中；

a 液 26.5 mL+b 液 73.5 mL，混匀后即为 0.2 mol/L 磷酸盐缓冲液（pH 6.4）。

（9）染色液　50 mg α- 乙酸萘酯，50 mg β- 乙酸萘酯，用 5 mL 丙酮溶解，再加入 50 mg 固蓝 RR 盐，最后用稀释 1 倍的磷酸盐缓冲液（pH 6.4）50 mL 溶解，现用现配。

【实验步骤】

1. 装板

目前常用的垂直板电泳槽一般包含外槽、本体、制胶器、玻璃板、试样格（梳子）和斜楔板等，凝胶玻璃板有两块，其中一块一端带有 1～2 cm 的凹槽，称为短板，另一块称为长板。将洗净、干燥的凝胶玻璃板从烘箱中取出，在实验台上操作，玻璃板长板上放好胶条，安上玻璃板短板，用斜楔板将板垂直装至电泳槽中并固定。

2. 制胶

A 液∶B 液∶H_2O∶C 液按 2∶1∶1∶4（体积比）置于烧杯中，混好，加入适量的 TEMED，用玻璃棒轻轻搅拌使之混合。用 1 mL 微量移液器将凝胶沿板壁注入长板和短板间，加满后插入试样格，凝固后备用。

3. 制备样品

称取 1 g 鲜金针菇，放入研钵中，加 1 mL 样品提取缓冲液，冰水浴条件下研成匀浆。用 1 mL 样品提取缓冲液数次洗涤移入 1.5 mL 离心管，8 000 r/min 离心 10 min，吸取上清液，放另一空离心管，加等量 5 g/L 溴酚蓝溶液混合，即为备用样品。

4. 点样

用微量移液器吸取样品 20 μL，注入试样格的胶面内，点样后，在样品上小心地注入电极缓冲液。

5. 电泳

两槽注入电极缓冲液，接通电源（短板对应负极）立即进行电泳。电压应在 100 V，整个电泳过程维持电流不变。当指示染料到达离胶前沿还有 1 ~ 2 cm 时可停止电泳。

6. 剥胶

借水的润滑作用把胶剥到培养皿中。

7. 染色

加入染色液，淹没整个胶面，显色，当酯酶同工酶区带出现棕色条带后，取出用双蒸水漂洗，即得酯酶同工酶的红褐色酶谱。

8. 结果分析

倒掉染色液，放入 7% 乙酸中保存，照相。计算 R_f。

【注意事项】

同实验 19。

【实践应用】

通过作物品种间酯酶同工酶酶谱的差异性比较，对作物品种亲缘关系进行分析，根据遗传相似度，可为作物栽培育种和种子纯度鉴定提供依据。

【思考与探索】

酯酶同工酶染色的原理是什么？

第四章　维生素含量的测定

实验 21　抗坏血酸含量的测定——2,6- 二氯酚靛酚滴定法

【目的与原理】

1. 目的

（1）掌握滴定法测定抗坏血酸含量的过程。

（2）了解水果、蔬菜中抗坏血酸含量的测定方法。

2. 原理

抗坏血酸（俗称维生素 C）含有$-\underset{\mid \atop OH}{C}=\underset{\mid \atop OH}{C}-$基，具有还原性及酸性。它的测定方法很多，最常用的是 2,6- 二氯酚靛酚滴定法。

还原型抗坏血酸　　+　　2,6–二氯酚靛酚（红色）　$\underset{OH^-}{\overset{H^+}{\rightleftharpoons}}$　（蓝色）

氧化型脱氢抗坏血酸　　+　　还原型2,6–二氯酚靛酚（无色）

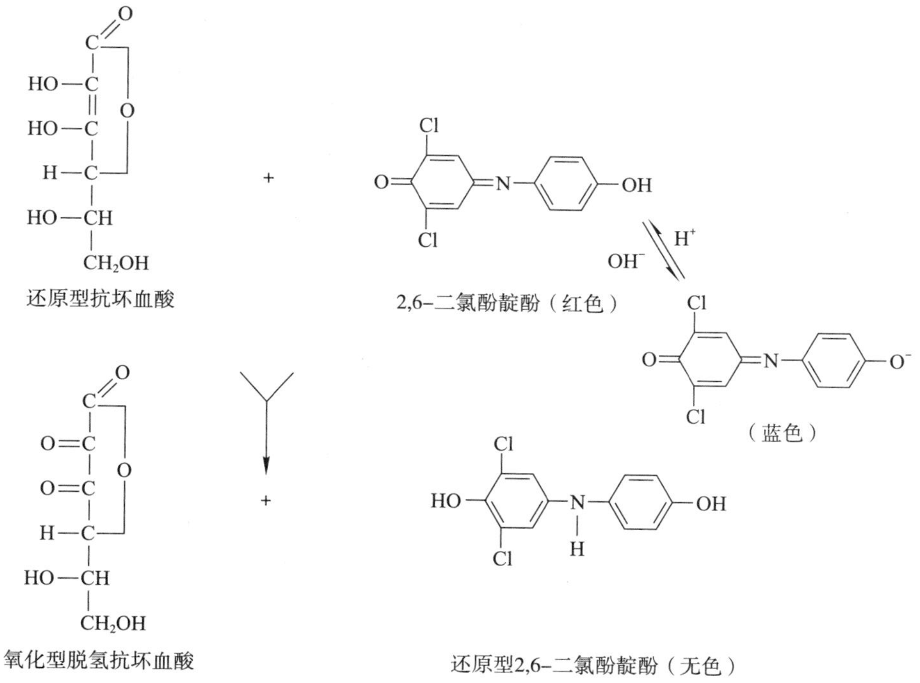

还原型抗坏血酸能还原染料 2,6- 二氯酚靛酚。该染料的氧化型在酸性条件下呈红色，碱性条件下呈蓝色；还原型为无色。用 2,6- 二氯酚靛酚滴定样品中还原型抗坏血酸，滴入的 2,6- 二氯酚靛酚立即被还原成无色，当抗坏血酸全部被氧化后，多余的染料不再被还原，溶液从无色转变成粉红色时，即为滴定终点。根据染料消耗量，即可计算出样品中还原型抗坏血酸的含量。

【实验材料与主要耗材】

1. 实验材料

新鲜的水果、蔬菜。

2. 主要耗材

微量滴定管 ×1，50 mL 三角瓶 ×5，50 mL 容量瓶 ×2，刻度移液管（5 mL×2、10 mL×1），研钵 ×1，玻璃棒 ×6，滴管 ×1，滤纸 ×1。

【仪器与设备】

电子天平。

【试剂与溶液配制】

1. 试剂

抗坏血酸，草酸，2,6- 二氯酚靛酚，乙醚，氢氧化钠（NaOH）。

2. 溶液配制

（1）0.01 g/mL 草酸溶液　称取 0.5 g 草酸溶于蒸馏水，定容至 50 mL。

（2）0.02 g/mL 草酸溶液　称取 2.0 g 草酸溶于蒸馏水，定容至 100 mL。

（3）0.001 mol/L 2,6- 二氯酚靛酚溶液　称取干燥的 2,6- 二氯酚靛酚 60 mg，放入 200 mL 容量瓶中，加入热蒸馏水 100～150 mL，滴加 0.01 mol/L NaOH 溶液 4～5 滴，强烈摇动 10 min，冷却后加水至刻度。摇匀后过滤到棕色瓶中，冰箱保存，使用前要标定。

（4）抗坏血酸标准溶液　准确称取 20 mg 抗坏血酸溶解于 0.01 g/mL 草酸溶液中，稀释至 100 mL，再取 5 mL 稀释至 50 mL。

（5）0.01 mol/L NaOH 溶液　称取 0.04 g NaOH，溶于水中，定容至 100 mL。

【实验步骤】

（1）2,6- 二氯酚靛酚的标定　取 5 mL 抗坏血酸标准溶液，加 5 mL 0.01 g/mL 草酸溶液，用 0.001 mol/L 2,6- 二氯酚靛酚滴定，至红色 15 s 不褪色为终点。所用 2,6- 二氯酚靛酚溶液体积相当于 0.1 mg 抗坏血酸，进而求出 1 mL 2,6- 二氯酚靛酚溶液相当于抗坏血酸的毫克数，为滴定度，用 K 表示。

（2）提取　称取 4 g 新鲜样品，置研钵中，加 5 mL 0.02 g/mL 草酸溶液，研成匀浆，转移到 50 mL 容量瓶中，残渣一并转入。加入 0.02 g/mL 草酸溶液至 35 mL，用 0.01 g/mL 草酸溶液定容。若泡沫多，可加数滴乙醚消泡。摇匀，过滤，滤液备用。

（3）样品滴定　取滤液 10 mL，放入 50 mL 三角瓶中，用染料滴定至出现红色 15 s 不褪色，记录所消耗染料体积 V_1，重复三次，求平均值。

（4）空白滴定　在另一 50 mL 容量瓶中放入 35 mL 0.02 g/mL 草酸溶液，用 0.01 g/mL 草酸溶液定容，摇匀，取此液 10 mL，用染料滴定，记录所消耗染料体积 V_2。以下式计算抗坏血酸含量（mg/g）。

$$\text{抗坏血酸含量} = \frac{(V_1 - V_2) \times K \times V}{m \times V_3}$$

式中，V_1 为滴定样品用染料体积（mL）；V_2 为滴定空白用染料体积（mL）；V_3 为样品测定用体积（10 mL）；V 为样品提取液总体积（50 mL）；m 为样品质量（g）；K 为 1 mL 染料相当于抗坏血酸的毫克数。

【注意事项】

1. 抗坏血酸很容易被氧化，整个实验动作要快。

2. 蔬菜汁的准备较费时，可将蔬菜切（剪）碎，加少量蒸馏水，然后在榨汁机中进行（可能导致氧化加速）。

3. 市售的 2,6- 二氯酚靛酚质量不一，以标定 0.4 mg 抗坏血酸消耗 2 mL 左右的染料为宜，可根据标定结果调整染料溶液的浓度。

【实践应用】

利用 2,6- 二氯酚靛酚滴定法是多年采用的经典方法。该法简便易行、快速，目前仍被广泛使用。可以用于测定各种水果、蔬菜、果汁饮料、口服液、茶叶、奶粉、肉制品中还原型抗坏血酸的含量。

【思考与探索】

1. 抗坏血酸含量测定过程中加入草酸的目的是什么？如何判断滴定的终点？
2. 简述抗坏血酸的性质。
3. 为什么要对 2,6- 二氯酚靛酚进行标定？

实验 22　抗坏血酸含量的测定——荧光法

【目的与原理】

1. 目的

（1）掌握荧光法测定食品中抗坏血酸含量的方法。

（2）了解荧光法的基本原理，了解荧光分光光度计的使用方法。

2. 原理

抗坏血酸俗称维生素 C，在氧化剂存在下被氧化成脱氢抗坏血酸，脱氢抗坏血酸与邻苯二胺作用，生成荧光化合物。此荧光化合物的激发波长是 350 nm，荧光波长即发射波长为 433 nm，其荧光强度与抗坏血酸浓度成正比。若样品中含丙酮酸，它也能与邻苯二胺生成一种荧光化合物，干扰样品中抗坏血酸的测定。在样品中加入硼酸后，硼酸与脱氢抗坏血酸形成的螯合物不能与邻苯二胺生成荧光化合物，而硼酸与丙酮酸并不作用，丙酮酸仍可以发生上述反应。因此在测量时取相同的样品两份，其中一份样品加入硼酸，测出的荧光强度作为背景的荧光读数。另一份样品不加硼酸，样品的荧光读数减去背景的荧光读数后，即可计算出样品中抗坏血酸的含量。

【实验材料与主要耗材】

1. 实验材料

蔬菜或水果鲜样。

2. 主要耗材

50 mL 容量瓶 ×4，250 mL 三角瓶 ×2，抽滤瓶 ×1，布氏漏斗 ×1，量筒（50 mL×2、100 mL×2），刻度移液管（1 mL×1、2 mL×2、5 mL×2），具塞刻度试管 ×7，滴管 ×1。

【仪器与设备】

组织捣碎机，通风橱，荧光分光光度计，摇床，电子天平。

【试剂与溶液配制】

1. 试剂

抗坏血酸，溴，活性炭，乙酸钠，硼酸，邻苯二胺，百里酚蓝，氢氧化钠（NaOH），无水乙酸，偏磷酸，浓硫酸（H_2SO_4），盐酸（HCl）。

2. 溶液配制

（1）百里酚蓝指示剂　称取百里酚蓝（也称麝香草酚蓝）0.1 g，加入 0.02 mol/L NaOH 溶液（约 10.75 mL）溶解，用水稀释至 200 mL。变色范围：pH 为 1.2 时显示红色，pH 为 2.8 时显示黄色。

（2）0.02 mol/L NaOH 溶液　称取 NaOH 0.04 g，溶于水，定容至 50 mL。

（3）乙酸钠溶液　称取 50 g 乙酸钠溶解，并稀释至 100 mL。

（4）硼酸 - 乙酸钠溶液　称取硼酸 9 g，加入 3.5 mL 乙酸钠溶液，用水稀释至 100 mL，使用前配制。

（5）邻苯二胺溶液　称取 20 mg 邻苯二胺，溶于 100 mL 水中，使用前配制。

（6）偏磷酸 - 无水乙酸溶液　称取 1.5 g 偏磷酸，加入 4 mL 无水乙酸，加水稀释至 50 mL，过滤后储存于冰箱中。

（7）偏磷酸 - 无水乙酸 - 硫酸溶液　称取 1.5 g 偏磷酸，加入 4 mL 无水乙酸，用 0.15 mol/L H_2SO_4 溶液稀释至 50 mL。

（8）0.15 mol/L H_2SO_4 溶液　量取 0.4 mL 浓硫酸，加入水中，混匀，定容至 50 mL。

（9）抗坏血酸标准溶液　准确称取 0.050 0 g 抗坏血酸，溶于偏磷酸 - 无水乙酸溶液中，定容至 50 mL 容量瓶中，此标准溶液浓度为每毫升相当于 1 mg 的抗坏血酸，每周新鲜配制。吸取上述溶液 5 mL，再用偏磷酸 - 无水乙酸溶液定容至 50 mL，此溶液每毫升相当于 0.1 mg 的抗坏血酸标准溶液，每天新鲜配制。

（10）活性炭　称取 50 g 活性炭，加入 100 g/L HCl 溶液 250 mL，加热至沸，减压过滤，再用蒸馏水洗涤，直至检查滤液中无铁离子为止，再于 110～120℃烘干备用。

【实验步骤】

1. 抗坏血酸标准曲线的制作

（1）将制备好的 50 mL 抗坏血酸标准溶液（含抗坏血酸 0.1 mg/mL）加入三角瓶中，再往三角瓶中加入 2 ~ 3 滴溴，在通风橱内摇匀，当溶液变微黄色后通空气，将溴排净，使溶液恢复为无色，若用活性炭为氧化剂，则加 12 g 活性炭摇匀 1 min 后过滤。

（2）取 2 只 50 mL 容量瓶，各加入刚处理过的溶液 1.0 mL，其中一只容量瓶中再加入 20 mL 乙酸钠溶液，用水定容至刻度，此溶液作为标准溶液。另一只容量瓶中加入 20 mL 硼酸 – 乙酸钠溶液，用水定容至刻度，此液作为标准空白溶液。

（3）取 5 支带塞的刻度试管，一支试管中加入 2.0 mL 标准空白溶液，另外 4 支试管中各加入 0 mL、1.0 mL、1.5 mL 和 2.0 mL 标准溶液，再分别用蒸馏水稀释至 3.0 mL。

（4）反应在避光的环境中进行，迅速向各管中加入 5 mL 邻苯二胺溶液，加塞振摇 12 min，于暗处放置 35 min。

（5）选择最佳的仪器条件（激发波长：350 nm，荧光波长：433 nm），记录标准溶液各含量的荧光强度和标准空白溶液的荧光强度，标准溶液荧光强度减去标准空白溶液荧光强度，相对荧光强度按下式计算：

$$相对荧光强度 = 标准溶液荧光强度 - 标准空白溶液荧光强度$$

2. 样品测定

（1）样品制备　称取 100 g 蔬菜或水果鲜样，加 100 mL 偏磷酸 – 无水乙酸溶液，倒入组织捣碎机内打成匀浆，用百里酚蓝指示剂调试匀浆酸碱度。如呈红色，即可用偏磷酸 – 乙酸溶液稀释，若呈黄色或蓝色，则用偏磷酸 – 乙酸 – 硫酸溶液稀释，使其 pH 为 1.2。匀浆的量需要根据样品中抗坏血酸的含量而定。如样品液中抗坏血酸含量为 40 ~ 100 μg/mL，一般取 20 g 匀浆，用偏磷酸 – 乙酸溶液稀释至 100 mL，过滤，滤液备用。

（2）氧化处理　将全部滤液转入三角瓶中，加入 12 g 活性炭振摇 12 min，过滤；或在通风橱中加 2 ~ 3 滴溴，操作步骤与抗坏血酸标准曲线制作的步骤（1）相同。

（3）取 2 只 50 mL 容量瓶各加入 5.0 mL 经氧化处理的样液，向其中一只加入 20 mL 乙酸钠溶液，并用水稀释至 50 mL 作为样品溶液，另一只加入 20 mL 硼酸 – 乙酸钠溶液，用水稀释至刻度作为样品空白溶液。

（4）取 2 支具塞的刻度试管，1 支试管中加 2.0 mL 样品溶液为样液，另一支试管中加入 2.0 mL 样品空白溶液作为空白，再分别用蒸馏水稀释至 3.0 mL。

（5）避光下加入邻苯二胺，以下操作与抗坏血酸标准曲线制作的步骤（4）和步骤（5）相同，得出样品的相对荧光强度。

【注意事项】

1. 大多数植物组织内含有一种能破坏抗坏血酸的氧化酶，因此，抗坏血酸的测定应用应采用新鲜样品，并尽快用偏磷酸 – 无水乙酸提取液将样品制成匀浆以保存抗坏血酸。

2. 某些果胶含量高的样品不易过滤，可采用抽滤的方法，也可先离心，再取上清液过滤。

3. 活性炭可将抗坏血酸氧化为脱氢抗坏血酸，但它也有吸附抗坏血酸的作用，故活性炭用量应适当与准确，应用天平称量。

【实践应用】

利用荧光法可以测定各种水果、蔬菜、果汁饮料、口服液、茶叶、奶粉、肉制品中抗坏血酸的含量。

【思考与探索】

与 2,6- 二氯酚靛酚滴定法相比，荧光法测定抗坏血酸的含量有什么优点？

实验 23　维生素 B_2 含量的测定

【目的与原理】

1. 目的

（1）掌握标准曲线法定量分析维生素 B_2 的基本原理。

（2）了解荧光分光光度计的基本原理、结构及性能，掌握其基本操作。

2. 原理

维生素 B_2 又名核黄素，是橘黄色无臭的针状结晶，分子式为 $C_{17}H_{20}N_4O_6$，相对分子质量为 376.37。分子中有三个芳香环，具有刚性平面结构，因此它能够发射荧光。维生素 B_2 易溶于水，而不溶于乙醚等有机溶剂。

维生素 B_2 溶液在 430 ~ 440 nm 蓝光的照射下，发出绿色荧光，荧光峰在 535 nm 附近。维生素 B_2 在 pH 6 ~ 7 的溶液中荧光强度最强，在稀溶液中，当实验条件一定时，荧光强度（F）与荧光物质的浓度（c）呈线性关系：$F=Kc$，因此可以用荧光法测定维生素 B_2 的含量。

【实验材料与主要耗材】

1. 实验材料

维生素 B_2 药片。

2. 主要耗材

50 mL（棕色）容量瓶 ×7，25 mL 容量瓶 ×2，刻度移液管（5 mL × 2、2 mL × 1、1 mL × 1），研钵 ×1。

【仪器与设备】

荧光分光光度计，电子天平。

【试剂与溶液配制】

1. 试剂

维生素 B_2（核黄素），无水乙酸。

2. 溶液配制

（1）维生素 B_2 标准溶液　精确称取 2 mg 维生素 B_2，用超纯水于 50 mL 棕色容量瓶中定容。

（2）待测液　将维生素 B_2 药片研磨成粉末状，精确称取 2 mg，用超纯水于 50 mL 棕色容量瓶中定容。

（3）5% 乙酸溶液　吸取 1.25 mL 无水乙酸，加入 25 mL 容量瓶中，加水定容。

【实验步骤】

（1）最佳激发波长和荧光波长的确定 吸取维生素 B_2 标准溶液 1 mL 于 25 mL 容量瓶，用 5% 乙酸溶液定容。暂设定荧光波长即发射光波长为 525 nm，在 400 ~ 500 nm 波长范围对激发波长进行扫描，记录激发光谱曲线；取最大激发波长，在 400 ~ 500 nm 波长范围对荧光波长进行扫描，记录荧光光谱曲线。从而确定最佳激发波长和荧光波长。

（2）维生素 B_2 标准曲线的制作 在室温条件下，分别吸取 1.0 mL、2.0 mL、3.0 mL、4.0 mL、5.0 mL 维生素 B_2 标准溶液于 50 mL 棕色容量瓶中，用 5% 乙酸溶液定容，用超纯水作空白对照，分别测定溶液荧光强度。用所测结果绘制荧光强度（F）对浓度（c）的维生素 B_2 标准曲线。

（3）在同样条件下测定待测液的荧光强度，并由维生素 B_2 标准曲线确定待测液中维生素 B_2 的含量。

【注意事项】

1. 石英比色皿是四面透光的，拿的时候不能接触到 4 个透光面，只能拿顶和底部，并用吸水纸吸干外壁残留液。
2. 配制好的溶液应尽快测定，避免久置因成分变化而影响结果。

【实践应用】

利用荧光法可以测定多维葡萄糖粉、肉、肉制品、复合维生素片剂、饲料、谷物中维生素 B_2 的含量。

【思考与探索】

1. 试解释荧光法较吸收光度法灵敏度高的原因。
2. 维生素 B_2 在 pH 为 6 ~ 7 时荧光最强，本实验为何在酸性溶液中测定？

第五章　糖类及代谢中间产物的提取与测定

实验 24　还原糖含量的测定——3,5- 二硝基水杨酸法

【目的与原理】

1. 目的

（1）掌握 3,5- 二硝基水杨酸法测定还原糖含量的原理及方法。

（2）熟练掌握分光光度法的操作技术。

2. 原理

还原糖与 3,5- 二硝基水杨酸（DNS）在碱性条件下共热时，可将 3,5- 二硝基水杨酸还原成棕红色的 3- 氨基 -5- 硝基水杨酸，还原糖本身被氧化成糖酸。在一定范围内，还原糖的量与棕红色物质颜色的深浅程度成正比，在 540 nm 处有最大光吸收。利用系列浓度的葡萄糖与 3,5- 二硝基水杨酸反应后制成的葡萄糖标准曲线，获得吸光度与还原糖含量之间的比值，由此可以计算出样品中还原糖的含量。

COOH / OH / O_2N / NO_2 + 还原糖 —加热、碱性→ COOH / OH / O_2N / NH_2 + 糖酸

3,5-二硝基水杨酸　　　　3-氨基-5-硝基水杨酸

【实验材料与主要耗材】

1. 实验材料

新鲜植物材料。

2. 主要耗材

10 mL 量筒 ×1，50 mL 三角瓶 ×1，25 mL 刻度试管 ×7，50 mL 容量瓶 ×1，刻度移液管（1 mL×1、2 mL×1、5 mL×1），研钵 ×1，漏斗 ×1，洗瓶 ×1，50 mL 离心管 ×2，滤纸若干。

【仪器与设备】

可见分光光度计，恒温水浴锅，电子天平。

【试剂与溶液配制】

1. 试剂

葡萄糖，3,5- 二硝基水杨酸（DNS），氢氧化钠（NaOH），酒石酸钾钠，苯酚，硫酸钠（Na_2SO_4）。

2. 溶液配制

（1）2 mol/L NaOH 溶液　称取 0.4 g NaOH，溶于 5 mL 蒸馏水中，备用。

（2）3,5- 二硝基水杨酸（DNS）试剂　DNS 63 mg 和 2 mol/L NaOH 溶液 2.62 mL，加到 5 mL 含 1.85 g 酒石酸钾钠的热水中，再加 50 mg 苯酚和 50 mg Na_2SO_4，搅拌溶解。冷却后加蒸馏水定容至 10 mL 容量瓶中，备用。

（3）100 μg/mL 葡萄糖标准溶液　准确称取 1 mg 分析纯葡萄糖（预先在 80℃烘箱烘至恒重），置小烧杯中，加少量蒸馏水溶解后，转移至 10 mL 容量瓶中，以蒸馏水定容至刻度，摇匀备用。

【实验步骤】

1. 样品中还原糖的提取

准确称取 1 g 植物材料（测试样品）置于研钵内，加入 5 mL 蒸馏水研磨成匀浆后转移到 50 mL 的三角瓶中，用少量蒸馏水清洗研钵，清洗三次，清洗液一并转入三角瓶中，加蒸馏水至 30 mL。将装有测试样品的三角瓶置于 50℃恒温水浴锅中保温 20 min，使还原糖浸出。离心或过滤，用 10 mL 蒸馏水清洗残渣，再离心或过滤。将两次离心或过滤的滤液全部收集在 50 mL 的容量瓶中，用蒸馏水定容至刻度，混匀，即为样品还原糖待测液。

2. 葡萄糖标准曲线的制作

取 7 支 25 mL 刻度试管，分别编号，按表 24-1 进行操作。其中 1 ~ 5 号管葡萄糖标准溶液加入量分别为 0.0 mL、0.2 mL、0.4 mL、0.6 mL、0.8 mL、1.0 mL，葡萄糖含量分别为 0 μg、20 μg、40 μg、60 μg、80 μg、100 μg。

表 24-1　葡萄糖标准曲线的制作

管号	0	1	2	3	4	5	测试管
葡萄糖标准溶液 /mL	0	0.2	0.4	0.6	0.8	1.0	—
测试样品	—	—	—	—	—	—	2.0
蒸馏水 /mL	2.0	1.8	1.6	1.4	1.2	1.0	—
DNS 试剂 /mL	0.5	0.5	0.5	0.5	0.5	0.5	0.5
葡萄糖含量 /μg	0	20	40	60	80	100	C

混匀后，置沸水浴中加热 5 min，冷却后在 540 nm 波长下以 0 号管为空白对照，分别测定各管反应液的吸光度。以 0 ~ 5 号管吸光度为纵坐标，葡萄糖含量为横坐标，绘制葡萄糖标准曲线。并根据测试管吸光度从葡萄糖标准曲线查出待测液中还原糖的含量。

3. 结果计算

$$样品还原糖含量 = \frac{CV_T}{10^6 mV_S} \times 100\%$$

式中，C 为从葡萄糖标准曲线中查得的还原糖含量（μg）；V_T 为还原糖提取的总体积（50 mL）；V_S 为测定还原糖时取滤液的体积（2 mL）；m 为提取还原糖时称取样品的质量（1 g，即 10^6 μg）。

【注意事项】

1. 葡萄糖标准曲线制作与样品测定应同时进行，并使用同一空白对照调零与显色。
2. 测试样品研磨要充分。
3. 进行水浴加热时要防止三角瓶倒伏。

【实践应用】

还原糖是植物合成其他物质的碳架来源和呼吸基质，测定还原糖的含量有利于研究植物体内糖的分布、运转及生理生化变化。

【思考与探索】

1. 还原糖测定还有哪些方法？试简述其原理。
2. 3,5-二硝基水杨酸法可不可以测总糖含量？试设计实验方法。

实验 25　血清葡萄糖含量的测定——邻甲苯胺法

【目的与原理】

1. 目的

（1）掌握邻甲苯胺法测定血清葡萄糖含量的原理和方法。

（2）了解邻甲苯胺法测定血清葡萄糖含量的影响因素及应用。

2. 原理

葡萄糖在酸性条件下与邻甲苯胺共热，生成蓝绿色醛亚胺，在 630 nm 处有最大光吸收，吸光度与样品中的葡萄糖含量成正比。利用系列浓度的葡萄糖溶液与邻甲苯胺反应制成的葡萄糖标准曲线，可计算出血清葡萄糖的含量。

【实验材料与主要耗材】

1. 实验材料

新鲜血清。

2. 主要耗材

具塞试管 ×7，刻度移液管（5 mL × 4、1 mL × 4），容量瓶（10 mL × 6、50 mL × 1、100 mL × 1）。

【仪器与设备】

可见分光光度计，恒温水浴锅，干燥器，电子天平。

【试剂与溶液配制】

1. 试剂

葡萄糖，苯甲酸，邻甲苯胺，硫脲，无水乙酸，硼酸。

2. 溶液配制

（1）邻甲苯胺试剂　称取硫脲 125 mg，溶解于 3.75 mL 无水乙酸中，再将此溶液移入 50 mL 容量瓶内，加邻甲苯胺 0.75 mL 及 2.4% 硼酸 5 mL，加无水乙酸定容至 50 mL。

（2）10 mg/mL 葡萄糖标准储存液　称取 2 g 左右葡萄糖置于干燥器内过夜，精确称取葡萄糖 1.00 g，以饱和苯甲酸溶液溶解，移入 100 mL 容量瓶内，再以饱和苯甲酸定容至 100 mL。

【实验步骤】

1. 葡萄糖标准稀释液的制备

取 10 mL 容量瓶 6 个，编号，依次加入葡萄糖标准储存液 0.0 mL、0.25 mL、0.5 mL、1.0 mL、2.0 mL、3.0 mL，再以饱和苯甲酸溶液定容至刻度，混匀后为葡萄糖标准稀释液。

2. 葡萄糖标准曲线的制作

取 7 支具塞试管，编号，按表 25-1 进行操作。则 0 ~ 5 号试管中葡萄糖含量分别为 0 μg、25 μg、50 μg、100 μg、200 μg、300 μg。

表 25-1　葡萄糖标准曲线的制作

管号	0	1	2	3	4	5	测试管
葡萄糖标准稀释液 /mL	0	0.1	0.1	0.1	0.1	0.1	—
血清 /mL	—	—	—	—	—	—	0.1
蒸馏水 /mL	0.1	—	—	—	—	—	—
邻甲苯胺试剂 /mL	5.0	5.0	5.0	5.0	5.0	5.0	5.0
葡萄糖含量 /μg	0	25	50	100	200	300	C

混匀后，置沸水浴中煮沸 15 min，冷却后在 630 nm 波长处测定各管的吸光度。以各管的吸光度为纵坐标，0 ~ 5 号管葡萄糖含量为横坐标，绘制葡萄糖标准曲线。并根据测试管吸光度从葡萄糖标准曲线上查出待测血清葡萄糖含量。

3. 结果计算

$$葡萄糖含量 = \frac{C}{V_S}$$

式中，C 为从葡萄糖标准曲线中查得的还原糖含量（μg）；V_S 为测定还原糖时取滤液的体积（mL）。

【注意事项】

1. 邻甲苯胺试剂中无水乙酸浓度很高，对可见分光光度计有腐蚀，若不慎滴到仪器上，应立即擦拭及清洗。

2. 邻甲苯胺是致癌剂，使用时要注意安全。

3. 温度、含水量对显色反应有明显影响，煮沸时间与温度应准确控制，标准管与测试管的含水量一致。

【实践应用】

邻甲苯胺法测定血糖具有操作简单、特异性较高的优点，试剂成本也较低，目前在教学实验或规模较小的基层医院用于测定血糖。

【思考与探索】

1. 哪些因素影响邻甲苯胺法血糖测定的显色？

2. 举例说明标准曲线制作包含哪些要素？

实验 26　菌类多糖的分离提取与含量的测定

【目的与原理】

1. 目的

（1）了解菌类多糖的生物学活性及应用。

（2）熟悉菌类多糖的提取及测定方法。

2. 原理

菌类多糖是指从真菌子实体、菌丝体、发酵液中分离出的一类生物活性物质，具有控制细胞分裂分化、调节细胞生长衰老、增强免疫调节功能、参与细胞识别、抑制癌细胞增殖等功能。

因多糖含有大量羟基，极性较大，在水溶液中溶解性较好，而在低极性的有机溶剂（如甲醇、乙醇、丙酮等）中溶解性较差，通常采用热水浸提、提取液浓缩后加入等体积或数倍体积乙醇进行沉淀的方法提取菌类多糖。

因菌类多糖含有蛋白质等杂质，采用蛋白质沉淀剂除去多糖中的蛋白质以纯化菌类多糖。Sevage 方法脱蛋白效果较好，它是用氯仿：戊醇（或正丁醇），以 4：1 混合，加到样品中振摇，使样品中的蛋白质变性成不溶状态，用离心法除去。

多糖在浓硫酸作用下先水解成单糖并迅速脱水生成糠醛衍生物，能与苯酚缩合成一种橙黄色化合物，在 10～100 mg 其颜色深浅与多糖的含量成正比，在 490 nm 波长下有最大光吸收，与标准蔗糖和苯酚－硫酸反应制成的蔗糖标准曲线比较可测得菌类多糖含量。

【实验材料与主要耗材】

1. 实验材料

菌类干品或鲜品。

2. 主要耗材

50 mL 量筒 ×1，烧杯（50 mL×1、250 mL×1），25 mL 刻度试管 ×7，刻度移液管（1 mL×2、2 mL×3、5 mL×2），容量瓶（50 mL×2、10 mL×3），玻璃棒 ×5，50 mL 离心管 ×4，漏斗 ×1，称量瓶 ×1，蒸发皿 ×1，滴管 ×1，医用纱布若干。

【仪器与设备】

可见分光光度计，恒温水浴锅，电子天平，组织粉碎机，旋转蒸发仪，烘箱，真空干燥箱，离心机。

【试剂与溶液配制】

1. 试剂

氯仿，正丁醇，95% 乙醇，无水乙醇，乙醚，浓硫酸，蔗糖，苯酚。

2. 溶液配制

（1）0.8 g/mL 苯酚溶液　称取 8 g 苯酚（重蒸酚），加蒸馏水溶解并定容至 10 mL，在室温下可保存数月。

（2）0.06 g/mL 苯酚溶液　取 0.8 g/mL 苯酚溶液 0.75 mL，加蒸馏水定容至 10 mL，现配现用。

（3）100 μg/mL 蔗糖标准溶液　准确称取 1 mg 分析纯蔗糖，置小烧杯中，加少量蒸馏水溶解后，转移至 10 mL 容量瓶中，以蒸馏水定容至 10 mL，摇匀备用。

【实验步骤】

1. 菌类多糖的分离提取

（1）浸提　准确称取粉碎后的菌类样品 1 g 放入 50 mL 烧杯中，加 30 mL 蒸馏水于 90℃水浴 1 h，抽提多糖，冷却后 8 层纱布过滤。记录滤液体积。

（2）浓缩　将上述提取液转入旋转蒸发仪的圆底烧瓶中，在旋转浓缩仪上 −0.1 MPa、60℃浓缩约至原体积的 1/4，或提取液置于蒸发皿上，于 80℃烘箱内蒸发浓缩至原体积的 1/4，量取浓缩液体积。

（3）脱蛋白　在浓缩液中加入等体积的 Sevage 试剂（氯仿：正丁醇 = 4：1，体积比），搅拌 5 min，静置 30 min 后转入离心管，于 3 000 r/min 下离心 10 min，去除蛋白质，分离水相转移至烧杯中，记录体积。

（4）醇沉　向烧杯中的多糖提取液中加入 4 倍体积 95% 乙醇溶液，搅拌均匀，静置 20 min 后，于 3 000 r/min 离心 10 min，小心吸去上清液，收集沉淀。

（5）干燥　取出沉淀物后用少量无水乙醇搅拌成匀浆后，于 3 000 r/min 下离心 5 min；再用少量乙醚搅拌成匀浆后，于 3 000 r/min 离心 5 min，乙醚沉淀物放入已称重的称量瓶中，在真空干燥箱中，于 80℃下真空干燥，所得物质即为菌类多糖。

（6）得率 沉淀物干燥后称量，计算多糖得率。

$$多糖得率 = (m_1/m_2) \times 100\%$$

式中，m_1 为沉淀物干燥后质量（g）；m_2 为菌类样品质量（g）。

2. 菌类多糖含量测定

（1）菌类多糖待测液的配制 准确称取 2 mg 干燥多糖，加入 10 mL 蒸馏水溶解后转入 50 mL 容量瓶中定容。再从 50 mL 容量瓶中取 2 mL 到另一容量瓶，定容至刻度，即为菌类多糖待测液。

（2）蔗糖标准曲线的制作 取 7 支 25 mL 刻度试管，编号，按表 26-1 操作。其中 0 ~ 5 号管加入蔗糖标准溶液 0.0 mL、0.2 mL、0.4 mL、0.6 mL、0.8 mL、1.0 mL，则蔗糖含量分别为 0 μg、20 μg、40 μg、60 μg、80 μg、100 μg。

表 26-1 蔗糖标准曲线的制作

管号	0	1	2	3	4	5	测试管
蔗糖标准溶液 /mL	0	0.2	0.4	0.6	0.8	1.0	—
菌类多糖待测液 /mL	—	—	—	—	—	—	2.0
蒸馏水 /mL	2.0	1.8	1.6	1.4	1.2	1.0	—
浓硫酸 /mL	5	5	5	5	5	5	5
0.06 $g \cdot mL^{-1}$ 苯酚溶液 /mL	1	1	1	1	1	1	1
蔗糖含量 /μg	0	20	40	60	80	100	C

混匀后，放置 20 min，在 490 nm 波长下以 0 号管为空白对照，分别测定各管中反应液的吸光度。以吸光度为纵坐标，0 ~ 5 号管蔗糖含量为横坐标，绘制蔗糖标准曲线。并根据测试管吸光度从蔗糖标准曲线查出待测液中多糖的含量。

（3）菌类多糖含量的计算

$$菌类多糖含量 = \frac{CV_T}{10^3 mV_S} \times 100\%$$

式中，C 为从蔗糖标准曲线中查得的菌类多糖含量（μg）；V_T 为菌类多糖提取的总体积（50 mL）；V_S 为测定菌类多糖时取滤液的体积（2 mL）；m 为提取菌类多糖时称取样品的质量（2 mg，即 2×10^3 μg）。

【注意事项】

1. 浓硫酸应缓慢加入，注意安全，避免强酸对仪器的损害。

2. 苯酚对显色结果有影响，本实验以 0.06 g/mL 苯酚溶液代替 0.09 g/mL 苯酚溶液，使苯酚加入后能与样品充分混合。

3. 苯酚 – 硫酸法测定多糖含量是以硫酸水解和脱水为基础，要保证反应液中硫酸的浓度。

4. 对于杂多糖，分析结果可根据各单糖的组成比及主要组分，以单糖标准曲线的校正系数加以校正计算。

5. 样品测试的吸光度应在标准曲线的线性范围内，如果超出范围，需要对样品进行稀释。

【实践应用】

菌类多糖具有丰富的生物活性，且无毒副作用，是目前很有开发前景的保健食品和药物新资源，云芝多糖、灵芝多糖等多种菌类多糖已在临床上广泛应用。

【思考与探索】

1. 可以用来进行分析测定用的标准品应具备哪些特性？

2. 多糖、血糖、还原糖都可用分光光度法测定其含量，对吸光度测定、比色皿使用要注意什么？

实验 27 植物组织丙酮酸的提取及含量的测定

【目的与原理】

1. 目的

（1）掌握植物组织中丙酮酸含量测定的原理和方法。

（2）了解丙酮酸在生物体代谢中的作用。

2. 原理

植物样品的组织液用三氯乙酸除蛋白质后，其中所含丙酮酸可与 2,4– 二硝基苯肼作用，生成丙酮酸 –2,4– 二硝基苯腙，后者在碱性溶液中呈樱红色，其颜色深度可用可见分光光度计测量。与已知丙酮酸标准曲线进行比较，即可求得丙酮酸的含量。

【实验材料与主要耗材】

1. 实验材料

大蒜、大葱或洋葱。

2. 主要耗材

20 mL 刻度试管 ×8，25 mL 容量瓶 ×2，刻度移液管（1 mL×1、5 mL×4），10 mL 量筒 ×1，研钵 ×1，15 mL 离心管 ×2。

【仪器与设备】

可见分光光度计，离心机，电子天平，剪刀。

【试剂与溶液配制】

1. 试剂

丙酮酸钠，三氯乙酸，2,4– 二硝基苯肼，氢氧化钠（NaOH），盐酸（HCl），石英砂。

2. 溶液配制

（1）80 g/L 三氯乙酸溶液　称取 8 g 三氯乙酸溶于 100 mL 蒸馏水中。

（2）1.5 mol/L NaOH 溶液　称取 3 g NaOH 溶于 50 mL 蒸馏水中。

（3）1 g/L 2,4- 二硝基苯肼溶液　称取 2,4- 二硝基苯肼 10 mg，溶于 2 mol/L HCl 溶液中，加水定容至 10 mL。盛于棕色试剂瓶中，保存于冰箱内。

（4）丙酮酸原液　称取丙酮酸钠 0.75 mg 于烧杯中，用 80 g/L 三氯乙酸溶液溶解，转入 10 mL 容量瓶中，并用 80 g/L 三氯乙酸溶液定容，此液为 60 μg/mL 的丙酮酸原液。

【实验步骤】

1. 丙酮酸标准曲线的制作

取 6 支刻度试管，按表 27-1 配制不同浓度的丙酮酸标准溶液。

表 27-1　丙酮酸标准曲线的制作

管号	1	2	3	4	5	6
丙酮酸原液 /mL	0	0.6	1.2	1.8	2.4	3.0
80 g · L^{-1} 三氯乙酸溶液 /mL	3.0	2.4	1.8	1.2	0.6	0
丙酮酸浓度 /（μg · mL^{-1}）	0	12	24	36	48	60

在上述各管中分别加入 1.0 mL 1g/L 2,4- 二硝基苯肼溶液，摇匀，加 5 mL 1.5 mol/L NaOH 溶液，摇匀显色，在 520 nm 波长下比色，制作丙酮酸标准曲线。

2. 样品的提取液

称取植物样品（大蒜、大葱或洋葱）5 g，于研钵中加入少许石英砂及少量 80 g/L 三氯乙酸溶液，仔细研成匀浆，再用 80 g/L 三氯乙酸溶液洗入 25 mL 容量瓶中（石英砂则留在研钵中），定容至刻度，振荡混匀，取约 10 mL 匀浆液 4 000 r/min 离心 10 min，取上清液备用。

3. 丙酮酸的测定

取 3 mL 上清液于一支刻度试管中，加 1.0 mL 1 g/L 2,4- 二硝基苯肼溶液，摇匀，再加 5 mL 1.5 mol/L 氢氧化钠溶液，摇匀显色，在 520 nm 波长下比色，记录吸光度，在丙酮酸标准曲线上查得溶液中丙酮酸的含量。

待测样液必须与丙酮酸标准溶液同步测定。

4. 计算

$$样品丙酮酸含量 = \frac{C \times 稀释倍数}{m} \times 100\%$$

式中，C 为丙酮酸标准曲线上查得的丙酮酸含量（g）；m 为样品鲜重（g）。

【注意事项】

1. 所加试剂的顺序不可颠倒，先加丙酮酸标准溶液或待测液，再加 80 g/L 三氯乙酸溶液，最后加 1.5 mol/L NaOH 溶液。
2. 反应 10 min 后再比色。
3. 丙酮酸标准曲线的各点应分布均匀，范围适中。

【实践应用】

丙酮酸是生物体生化代谢的重要中间产物之一。丙酮酸可通过乙酰 CoA 和三羧酸循环实现体内糖、脂肪和氨基酸间的互相转化，在三大营养物质的代谢联系中起着重要的枢纽作用。

【思考与探索】

1. 制作丙酮酸标准曲线时为什么以 80 g/L 三氯乙酸溶液为空白对照？
2. 测定丙酮酸含量的基本原理是什么？

第六章　脂质的提取与测定

实验 28　粗脂肪的提取和含量的测定

【目的与原理】

1. 目的

掌握索氏提取法提取粗脂肪的原理和实验方法。

2. 原理

脂肪不溶于水，易溶于有机溶剂，用乙醇或石油醚可将脂肪类物质提取出来。提取物中除脂肪外，还有游离脂肪酸、磷脂、蜡、固醇、有机酸及芳香油等物质，总称为粗脂肪。

抽提法所测的脂肪为游离脂肪。适于测定油料作物种子和木本植物油质果实的粗脂肪含量。

【实验材料与主要耗材】

1. 实验材料

油料种子。

2. 主要耗材

具塞量筒 ×1，小口试剂瓶 ×1，滤纸筒、脱脂棉或普通滤纸若干。

【仪器与设备】

分析天平，烘箱，粉碎机，索氏抽提器，恒温水浴锅，20 目或 40 目分样筛，干燥器。

【试剂与溶液配制】

乙醚，无水乙醇或石油醚。

【实验步骤】

1. 样品的提取

油料种子去壳去杂后，放在 105℃烘箱中烘干 1 h，用粉碎机粉碎，过 20 目或 40 目分样筛，装瓶备用。

将索氏抽提器的提取瓶用少量乙醚洗净，于 103 ~ 105℃下烘 2 h，取出，置于干燥器中冷却至室温，称量。于滤纸筒内精密称取待测样品 2 ~ 5 g（视样品的脂肪含量而定），滤纸筒口、底用滤纸或脱脂棉包裹，将滤纸筒放入提取管内。向已称量的提取瓶内倒入 1/3 ~ 1/2 的无水乙醇或石油醚，连接索氏提取器各部分，置于 70 ~ 80℃恒温水浴锅中，控制乙醚从冷凝器滴入滤纸筒的速度为 150 滴 /min 左右，使乙醚不断回流提取。一般抽提 5 h，含油量较高的可适当增加抽提时间，直至从索氏抽提器流出的溶剂蒸发后无油滴为止。

2. 含量测定

抽提完毕后，停止加热，冷却，将提取瓶倾斜，乙醚流回提取瓶中，最后将提取瓶与普通冷凝管相连，蒸去乙醚。将提取瓶于烘箱中干燥，再置于干燥器中冷却至室温，称至恒重为止。

$$\text{样品中粗脂肪的含量} = \frac{(m_1 - m_0)}{m_2} \times 100\%$$

式中，m_1 为提取瓶和脂肪的质量（g）；m_2 为样品的质量（g）；m_0 为提取瓶的质量（g）。

【注意事项】

1. 滤纸包置于烘箱烘干溶剂时，为防止醚气燃烧着火，烘箱应先半开门。
2. 索氏抽提器需要提前清洗、干燥。
3. 测定用样品、索氏抽提器、抽提用有机溶剂都需要进行脱水处理。
4. 含油量在 20% 以下的样品用粉碎机粉碎后称取 10 g 装入滤纸筒内；含油量在 20% 以上的样品称取 10 g 后按下述方法处理：较大籽粒样品切碎，小籽粒直接用研钵加少量石英砂研后装入滤纸筒中，处理好的试样要立即进行浸出。

【实践应用】

索氏提取法是国内外公认的测定粗脂肪含量的经典方法。脂肪广泛存在于许多植物的种子和果实中，测定脂肪的含量，可以作为鉴别其品质优劣的一个指标。

【思考与探索】

1. 为什么测定用样品、索氏抽提器、抽提用有机溶剂都需要进行脱水处理？
2. 如何利用残余法测定油料作物种子中的粗脂肪含量？
3. 在实验过程中安全使用乙醚应注意哪些问题？
4. 测定样品籽粒粗细有什么要求？

实验 29　游离脂肪酸含量的快速测定

【目的与原理】

1. 目的

掌握游离脂肪酸含量的测定方法。

2. 原理

用苯提取种子中的脂肪酸，以一定浓度的 NaOH 溶液滴定，即可计算出样品中游离脂肪酸的含量。

【实验材料与主要耗材】

1. 实验材料

油料种子。

2. 主要耗材

50 mL具塞三角瓶 ×2、碱式滴定管 ×1，漏斗 ×1，表面皿 ×1，10 mL刻度移液管 ×4，50 mL量筒 ×1，150 mL烧杯 ×1，玻璃棒 ×1。

【仪器与设备】

粉碎机，电子天平，恒温水浴摇床，烘箱。

【试剂与溶液配制】

1. 试剂

95%乙醇，酚酞，苯，氢氧化钠（NaOH），苯二甲酸氢钾（或碳酸钠）。

2. 溶液配制

（1）0.4 g/L乙醇－酚酞溶液　95%乙醇100 mL加入0.04 g酚酞。

（2）0.8 g/L NaOH溶液　称取0.08 g NaOH，加入100 mL水中，溶解备用；用时需要用苯二甲酸氢钾或碳酸钠标定，0.4 g/L乙醇－酚酞溶液作指示剂。

【实验步骤】

（1）样品烘干、粉碎。称取粉碎的样品5～10 g，放入具塞三角瓶中，加25 mL苯，盖上塞子，置于摇床中振荡40 min，静置2～3 min，过滤，用表面皿盖上漏斗，使之蒸发减少到最小限度。

（2）用刻度移液管吸取10 mL滤液，加10 mL 0.4 g/L乙醇－酚酞溶液，混匀，以0.8 g/L NaOH溶液滴定至粉红色。如果滴定过程中发生混浊，可用加入等体积的苯与乙醇混合液稀释。另取10 mL苯和10 mL 0.4 g/L乙醇－酚酞溶液进行空白滴定。

$$\text{游离脂肪酸}=\frac{(V-V_1)\times c\times F\times V_3}{m\times V_2\times 1\,000}\times 100\%$$

式中，V为滴定样品消耗的氢氧化钠体积（mL）；V_1为滴定空白样品消耗的氢氧化钠体积（mL）；c为氢氧化钠的浓度（0.8 g/L）；F为游离脂肪酸的物质的量，游离脂肪酸一般以油酸表示，即282；m为样品质量（g）；V_2为滴定液的体积（mL）；V_3为样品提取液总体积（mL）。

【注意事项】

所用乙醇纯度要符合要求，必要时应做提纯处理，以除去酸、醛和其他干扰物。

【实践应用】

此方法可以对饲料、食用油中的游离脂肪酸含量进行快速测定。

【思考与探索】

油料种子萌发时脂肪酸分解涉及哪些代谢过程？

实验 30　卵磷脂的提取及鉴定

【目的与原理】

1. 目的

（1）掌握卵磷脂提取及鉴定的原理和方法。

（2）了解磷脂类物质的结构和性质。

2. 原理

磷脂是生物体组织细胞的重要成分，主要存在于大豆等植物组织以及动物的肝、脑、脾、心等组织中，尤其在蛋黄中含量较多（10% 左右）。卵磷脂和脑磷脂均溶于乙醚而不溶于丙酮，利用此性质可将其与中性脂肪分离开；此外，卵磷脂能溶于乙醇而脑磷脂不溶，利用此性质又可将卵磷脂和脑磷脂分离。

新提取的卵磷脂为白色，当与空气接触后，其所含不饱和脂肪酸会被氧化而使卵磷脂呈黄褐色。卵磷脂被碱水解后可分解为脂肪酸盐、甘油、胆碱和磷酸盐。甘油与硫酸氢钾共热，可生成具有特殊臭味的丙烯醛；磷酸盐在酸性条件下与钼酸铵作用，生成黄色的磷钼酸沉淀；胆碱在碱的进一步作用下生成无色且具有氨和鱼腥气味的三甲胺。这样通过对分解产物的检验可以对卵磷脂进行鉴定。

【实验材料与主要耗材】

1. 实验材料

鸡蛋。

2. 主要耗材

试管 ×5，50 mL 烧杯 ×1，50 mL 量筒 ×1，5 mL 刻度移液管 ×3，漏斗 ×2，蒸发皿 ×1，玻璃棒 ×5，试管夹 ×1，滴管 ×5，红色石蕊试纸 ×1。

【仪器与设备】

恒温水浴锅，电子天平，酒精灯。

【试剂与溶液配制】

1. 试剂

95% 乙醇，乙醚，丙酮，氢氧化钠（NaOH），溴，四氯化碳，钼酸铵，硫酸氢钾，浓氨水，浓硝酸。

2. 溶液配制

（1）钼酸铵试剂　将 6 g 钼酸铵溶于 15 mL 蒸馏水中，加入 5 mL 浓氨水，另外将 24 mL 浓硝酸溶于 46 mL 的蒸馏水中，两者混合静置一天后再用。

（2）含 0.03 g/mL 溴的四氯化碳溶液　称取 0.3 g 溴，加入 9.7 g 四氯化碳中，混匀，溶于 10 mL 蒸馏水。

（3）0.1 g/mL NaOH 溶液　称取 NaOH 1 g，溶于 10 mL 蒸馏水。

【实验步骤】

1. 卵磷脂的提取

称取约 10 g 蛋黄于 50 mL 烧杯中，加入温热的 95% 乙醇 30 mL，边加边搅拌均匀，冷却后过滤。如滤液仍然混浊，可重新过滤直至完全透明。将滤液置于蒸发皿内，沸水浴中蒸干，所得干物即为卵磷脂。

2. 卵磷脂的溶解性

取干燥试管一支，加入少许卵磷脂，再加入 5 mL 乙醚，用玻璃棒搅动使卵磷脂溶解，逐滴加入丙酮 3～5 mL，观察实验现象。

3. 卵磷脂的鉴定

（1）三甲胺的检验　取干燥试管一支，加入少量提取的卵磷脂，以及 0.1 g/mL NaOH 溶液 2～5 mL，放入 60℃恒温水浴锅中加热 15 min，在管口放一片红色石蕊试纸，观察颜色有无变化，并嗅其气味。将加热过的溶液过滤，滤液供下面检验。

（2）不饱和性检验　取干净试管一支，加入 10 滴上述滤液，再加入 1～2 滴含 0.3 g/mL 溴的四氯化碳溶液，振摇试管，观察有何现象产生。

（3）磷酸的检验　取干净试管一支，加入 10 滴上述滤液和 5～10 滴 95% 乙醇溶液，然后再加入 5～10 滴钼酸铵试剂，观察现象；最后将试管放入 60℃恒温水浴锅中加热 5～10 min，观察有何变化。

（4）甘油的检验　取干净试管一支，加入少许卵磷脂和 0.2 g 硫酸氢钾，用试管夹夹住并先在小火上略微加热，使卵磷脂和硫酸氢钾混熔，然后再集中加热，待有水蒸气放出时，嗅有何气味产生。

【注意事项】

1. 加乙醚时，一定注意不能有明火。
2. 蒸去乙醇时，切不可用明火（如酒精灯）直接加热，以免发生火灾。

【实践应用】

卵磷脂广泛存在于动植物中，如植物种子和动物的脑、肝、肾上腺等。以大豆为原料，提取大豆卵磷脂，在食品工业中用作乳化剂、抗氧化剂、营养添加剂等。

【思考与探索】

简述卵磷脂的生物学功能。

第七章　核酸的提取与相关操作技术

实验 31　动物肝总 DNA 的快速提取

【目的与原理】

1. 目的

掌握动物组织提取 DNA 的原理和操作技术。

2. 原理

在浓 NaCl（1 ~ 2 mol/L）溶液中，脱氧核糖核蛋白的溶解度高，核糖核蛋白的溶解度低，在稀 NaCl（0.14 mol/L）溶液中，脱氧核糖核蛋白的溶解度低，核糖核蛋白的溶解度高。因此，可利用不同浓度的 NaCl 溶液，将脱氧核糖核蛋白和核糖核蛋白从样品中分别抽提出来。柠檬酸钠可以作为金属离子的络合剂抑制组织中脱氧核糖核酸酶对 DNA 的降解作用，通常用 0.14 mol/L NaCl 溶液 +0.015 mol/L 柠檬酸钠溶液提取 DNA，该溶液称为 SSC 缓冲液。

将抽提得到的核糖核蛋白用 SDS（十二烷基硫酸钠）处理，DNA（或 RNA）即与蛋白质分离，可用氯仿 - 异戊醇将蛋白质沉淀除去，而 DNA 则溶解于溶液中。向溶液中加入适量乙醇，DNA 即析出。为了防止 DNA（或 RNA）酶解，提取时加入 EDTA。

【实验材料与主要耗材】

1. 实验材料

动物肝。

2. 主要耗材

50 mL 量筒 ×3，50 mL 离心管 ×4，烧杯（50 mL×1、250 mL×1），玻璃棒 ×2，1 mL 加样枪头若干。

【仪器与设备】

电子天平，匀浆器，冷冻离心机，恒温水浴锅，摇床，真空干燥器，1 mL 微量移液器，剪刀。

【试剂与溶液配制】

1. 试剂

氯化钠（NaCl），EDTA-2Na，十二烷基硫酸钠（SDS），柠檬酸钠，氯仿，异戊醇，乙醇。

2. 溶液配制

（1）5 mol/L NaCl 溶液　将 292.3 g NaCl 溶于水，稀释至 1 000 mL。

（2）含 EDTA-2Na 的生理盐水（0.14 mol/L NaCl 溶液 + 0.15 mol/L EDTA-2Na 缓冲液）将 8.18 g NaCl 及 37.2 g EDTA-2Na 溶于蒸馏水，稀释至 1 000 mL。

（3）250 g/L SDS 溶液　25 g SDS 溶于 100 mL 45% 乙醇。

（4）0.1 × SSC 缓冲液（0.015 mol/L NaCl 溶液 + 0.001 5 mol/L 柠檬酸钠溶液）0.877 g NaCl 及 0.441 g 柠檬酸钠溶于蒸馏水，调 pH 至 7 并定容至 1 000 mL。

（5）氯仿 - 异戊醇混合液（24：1，体积比）分别量取 96 mL 氯仿和 4 mL 异戊醇混合均匀。

【实验步骤】

（1）称新鲜肝 10 g。

（2）用含 EDTA-2Na 的生理盐水洗去血浆，剪碎肝。

（3）加入 50 mL 含 EDTA-2Na 的生理盐水，置匀浆器中研磨。

（4）待磨成糊状后，将糊状物 5 000 r/min 离心 10 min，弃去上清液。

（5）沉淀用含 EDTA-2Na 的生理盐水清洗 3 次，5 000 r/min 离心 10 min。

（6）向沉淀物加入含 EDTA-2Na 的生理盐水，使总体积为 44 mL，转移到 250 mL 烧杯。

（7）逐步滴加 250 g/L SDS 溶液 3 mL，边加边搅拌。

（8）60℃恒温水浴锅放置 10 min，其间不停搅拌，直至溶液变得黏稠并略透明，取出冷却至室温。

（9）加入 5 mol/L NaCl 溶液 10 mL，使 NaCl 终浓度达到 1 mol/L，搅拌 10 min。

（10）加入一倍体积的氯仿 - 异戊醇混合液，振摇 20 min。

（11）5 000 r/min 离心 10 min，取上清液转移至新 50 mL 烧杯中，记录上清液体积。

（12）缓慢加入 2 倍上清液体积的 95% 乙醇，边加变搅拌，DNA 沉淀即析出，用玻璃棒慢慢搅动，则 DNA 丝状物即缠在玻璃棒上，得到 DNA 粗制品。若用玻璃棒慢慢搅动，无 DNA 丝状物，则将整个溶液导入离心管，5 000 r/min 离心 10 min，弃去上清液，沉淀为 DNA 粗制品。

（13）将 DNA 粗制品溶解在 27 mL 0.1 × SSC 缓冲液中。

（14）测定该溶液在紫外光波 260 nm 和 280 nm 的吸光度。计算比值，根据比值判定 DNA 纯度。

【注意事项】

1. 新鲜脾或肝较易获得，是实验室制备 DNA 常用的材料。

2. 为了防止大分子核酸在提取过程中被降解，整个过程需要在低温下进行；可加入某些物质抑制核酸酶的活性，如柠檬酸钠、EDTA、SDS 等，EDTA 是抑制核酸酶活性最好的抑制剂。

3. 实验过程中避免剧烈振荡，如研磨过程、搅拌过程。

【实践应用】

动物材料 DNA 提取方法根据材料来源不同差异较大。根据提取材料的特点，选择合适的提取方法是制备高质量 DNA 的关键。

【思考与探索】

1. 结合操作过程，试述在提取过程中应如何避免大分子 DNA 的降解？
2. 核酸提取中，除去杂蛋白的方法主要有哪些？

实验 32　植物组织总 DNA 的快速提取与鉴定

【目的与原理】

1. 目的

学习从植物组织中快速提取和鉴定 DNA 的方法。

2. 原理

植物组织总 DNA 的快速提取实验原理同实验 31。

SDS（十二烷基硫酸钠）是一种阴离子去污剂，用以使 DNA 从脱氧核糖核蛋白中解离出来。而有机溶剂氯仿－异戊醇混合液可使蛋白质变性沉淀从而得到纯净的 DNA。得到的 DNA 溶液用乙醇沉淀。

DNA 分子中的 D–2– 脱氧核糖，在无水乙酸中变成 ω– 羟基 –γ– 酮基戊醛，后者能与二苯胺作用生成蓝色复合物，可用于 DNA 的鉴定。

$$\begin{array}{c} CHO \\ | \\ CH_2 \\ | \\ HC-OH \\ | \\ HC-OH \\ | \\ CH_2OH \end{array} \xrightarrow[\text{无水乙酸}]{H_2O} \begin{array}{c} CHO \\ | \\ CH_2 \\ | \\ CH_2 \\ | \\ C=O \\ | \\ CH_2OH \end{array} \xrightarrow{\text{二苯胺}} \text{蓝色复合物（595 nm有最大吸收峰）}$$

ω–羟基–γ–酮基戊醛

【实验材料与主要耗材】

1. 实验材料

植物（水稻、小麦或玉米等）幼苗。

2. 主要耗材

15 mL 离心管 ×2，玻璃棒 ×1，具塞 50 mL 三角瓶 ×2，研钵 ×1，50 mL 烧杯 ×1，滴管 ×1，50 mL 量筒 ×1，试管 ×2，刻度移液管（1 mL×2、2 mL×2），吸水纸若干。

【仪器与设备】

电子天平，冷冻离心机，恒温水浴锅，剪刀，紫外分光光度计。

【试剂与溶液配制】

1. 试剂

氯化钠（NaCl），柠檬酸钠，EDTA–2Na，十二烷基硫酸钠（SDS），氯仿，异戊醇，

95%乙醇，二苯胺，乙醛，无水乙酸，浓硫酸。

2. 溶液配制

（1）提取缓冲液　称取 59.63 g 氯化钠，14.71 g 柠檬酸钠，37.2 g EDTA-2Na，100 mL 10 g/L SDS 溶液，用 0.2 mol/L NaOH 溶液调 pH 至 7.0，并定容至 1 000 mL。

（2）10×SSC 缓冲液　87.65 g 氯化钠，44.12 g 柠檬酸钠，分别溶解后混匀，调 pH 至 7.0，并定容至 1 000 mL。

（3）1×SSC 缓冲液和 0.1×SSC 缓冲液　分别用 10×SSC 稀释，调 pH 至 7.0。

（4）氯仿－异戊醇混合液　氯仿：异戊醇 = 24：1（体积比）。

（5）5 mol/L NaCl 溶液　将 292.3 g NaCl 溶于水，稀释至 1 000 mL。

（6）二苯胺－乙醛试剂　吸取二苯胺溶液（称取重结晶二苯胺 1.5 g 溶于 100 mL 无水乙酸中，再加分析纯浓硫酸 1.5 mL 摇匀贮于棕色瓶中）20 mL 和乙醛溶液（用冰冻的刻度移液管吸取分析纯乙醛溶液 1 mL，用蒸馏水稀释至 50 mL）0.1 mL，混匀即可。

【实验步骤】

1. DNA 的提取与纯化

（1）称取一定量（在 100 g 以内不限量）幼嫩的叶片，冲洗干净后用吸水纸吸干，剪碎，加入等量提取缓冲液，研磨 3～5 min，成为浆状物。

（2）将浆状物倒入 50 mL 三角瓶内，加入等体积的氯仿－异戊醇混合液，加上塞，充分摇匀，以脱除组织蛋白。4 000 r/min 离心 10 min 后，混合物形成三层。小心吸取上层含有核酸的溶液，弃去中间的细胞碎片、变性蛋白质及下层氯仿。

（3）将收集的溶液倒入在 72℃恒温水浴锅中预热的三角瓶中，并在 72℃下继续保温 3～4 min（不要超过 4 min），使组织内的 DNA 酶失活，然后迅速冷却至室温。

（4）加入 5 mol/L NaCl 溶液，使溶液中 NaCl 的最终浓度为 1 mol/L，摇匀。

（5）再加等体积氯仿－异戊醇混合液，充分摇匀，将此乳浊液于 4 000 r/min 离心 10 min，吸取上层溶液。

（6）重复步骤（5），直至在两层溶液界面间看不到蛋白质层为止。

（7）将收集的溶液置于烧杯内，用滴管慢慢加入 2 倍体积的预冷 95%乙醇来沉淀核酸。用玻璃棒轻轻搅动，此时核酸迅速以纤维状沉淀缠绕在玻璃棒上或离心收集。

（8）将得到的 DNA 沉淀溶解于适量 0.1×SSC 缓冲液中，完全溶解后，再加入 1/10 体积的 10×SSC 缓冲液，使最终浓度为 1×SSC 缓冲液。即得 DNA 的粗制品。放置冰箱中保存待用。

以上提取纯化的 DNA 可通过定糖法进行鉴定；纯度鉴定采用紫外分光光度法，通过测定 A_{260}/A_{280} 的值来确定。

2. DNA 的鉴定

（1）取 2 支试管，分别加入 2 mL 二苯胺－乙醛试剂，其中 1 支加入 1 mL DNA 粗制品，另 1 支加入 1 mL 1×SSC 缓冲液，沸水浴加热 10 min 后观察现象。

（2）用紫外分光光度计测定 DNA 粗制品 A_{260} 和 A_{280} 的数值并计算其比值，根据比值鉴定 DNA 纯度。

【注意事项】

1. 所有操作均须温和，避免剧烈振荡。
2. 72℃保温 DNA 溶液，实验操作不要超过 4 min，防止 DNA 降解。
3. 用微量移液器吸取时，加样枪头口最好用剪刀剪平，然后用酒精灯烧光滑断面，防止切力作用使得 DNA 降解。

【实践应用】

快速提取法降低了部分试剂的使用量，不仅需要的试剂少，而且无须使用昂贵的酶及其他生化试剂。整个方法操作较为简单，且总 DNA 的提取通量高，所需时间短。所得基因组 DNA 可广泛应用于群体遗传学、分子标记辅助育种、转基因植株筛选等需要大规模基因组提取的实验。

【思考与探索】

1. 在植物 DNA 快速提取中，常采用哪些化学试剂去除蛋白质？
2. 为什么要将 DNA 提取液放在 70℃恒温水浴锅中保温 3 ~ 4 min？
3. DNA 含量测定常用的方法有哪些？
4. 如何将 DNA 核蛋白与 RNA 核蛋白分离？

实验 33　酵母 RNA 的提取与组分鉴定

【目的与原理】

1. 目的

（1）学习酵母 RNA 的提取方法和操作流程。

（2）了解核酸的组分，并掌握鉴定核酸组分的方法。

2. 原理

酵母中 RNA 含量较高（2.67% ~ 10.00%），DNA 含量很少（0.03% ~ 0.52%）。RNA 提取过程是先使 RNA 从细胞中释放，并使它和蛋白质分离，然后将菌体除去，再根据核酸在等电点溶解度最小的性质，将 pH 调至 2.0 ~ 2.5，使 RNA 沉淀，离心后收集。

RNA 提取的方法很多，常用的有稀碱法和浓盐法。稀碱法可使细胞壁溶解，使 RNA 释放。在碱提取液中加入酸性乙醇溶液可以使解聚的 RNA 沉淀，由此即得到 RNA 的粗制品。

RNA 含有核糖、嘌呤、嘧啶和磷酸各组分。加硫酸煮沸可使其水解，从水解液中可以测出上述组分的存在。

【实验材料与主要耗材】

1. 实验材料

酵母粉。

2. 主要耗材

15 mL 离心管 ×2，玻璃棒 ×1，50 mL 具塞锥形瓶 ×1，研钵 ×1，50 mL 烧杯 ×1，滴管 ×1，50 mL 量筒 ×1，试管 ×4，刻度移液管（1 mL×4、2 mL×2），布氏漏斗 ×1。

【仪器与设备】

恒温水浴锅，离心机，电子天平。

【试剂与溶液配制】

1. 试剂

氢氧化钠（NaOH），浓盐酸（HCl），无水乙醇，乙醚，浓硫酸（H_2SO_4），硝酸银（$AgNO_3$），三氯化铁，苔黑酚，钼酸铵，抗坏血酸，浓氨水。

2. 溶液配制

（1）0.04 mol/L NaOH 溶液　将 2.34 g NaOH 溶于水，稀释至 1 000 mL。

（2）酸性乙醇溶液　将 0.3 mL 浓 HCl 加入 30 mL 无水乙醇中。

（3）1.5 mol/L H_2SO_4 溶液　向 900 mL 水中缓慢加入 81.5 mL 浓 H_2SO_4，加水定容至 1 000 mL。

（4）0.1 mol/L $AgNO_3$ 溶液　将 4.3 g $AgNO_3$ 溶于蒸馏水中，加水定容至 250 mL，保存于棕色瓶中。

（5）三氯化铁－浓 HCl 溶液　将 2 mL 100 g/L 三氯化铁溶液（用 $FeCl_3 \cdot 6H_2O$ 配制）加入 400 mL 浓 HCl 中。

（6）苔黑酚－乙醇溶液　溶解 6 g 苔黑酚于 100 mL 95% 乙醇中。

（7）定磷试剂（也可以直接用钼酸铵）

① 17% H_2SO_4 溶液　将 17 mL 浓 H_2SO_4（相对密度 1.84）缓缓加入 83 mL 水中。

② 25 g/L 钼酸铵溶液　将 2.5 g 钼酸铵溶于 100 mL 水中。

③ 100 g/L 抗坏血酸溶液　10 g 抗坏血酸溶于 100 mL 水中，贮棕色瓶中保存。

临用时按①：②：③：H_2O = 1：1：1：2（体积比）混合。

【实验步骤】

1. RNA 粗制品的制备

将 5 g 酵母粉悬浮于 30 mL 0.04 mol/L NaOH 溶液中，并在研钵中研磨均匀。将悬浮液转移至 50 mL 具塞锥形瓶中。在沸水浴上加热 30 min 后，冷却。3 000 r/min 离心 15 min。将上清液缓缓倾入 10 mL 酸性乙醇溶液中。注意要一边搅拌一边缓缓倾入。待 RNA 沉淀完全后，3 000 r/min 离心 3 min。弃去上清液。用 95% 乙醇洗涤沉淀两次，每次洗涤后均 3 000 r/min 离心 3 min。乙醚洗涤沉淀一次后，再用乙醚将沉淀转移至布氏漏斗中抽滤。沉淀可在空气中干燥。

2. 核酸的水解

将上面所制得的沉淀加入 1.5 mol/L H_2SO_4 溶液 10 mL，在沸水浴中加热 10 min 制成水解液。

3. 组分的鉴定

（1）嘌呤 取水解液 1 mL 加入过量浓氨水，然后加入约 1 mL 0.1 mol/L $AgNO_3$ 溶液，观察有无嘌呤的银化合物沉淀。

（2）核糖 取 1 支试管加入水解液 1 mL、三氯化铁－浓 HCl 溶液 2 mL 和苔黑酚－乙醇溶液 0.2 mL。置沸水浴中 10 min。注意溶液是否变成绿色，如是则说明核糖的存在。

（3）磷酸 取 1 支试管加入水解液 1 mL 和定磷试剂 1 mL。在沸水浴中加热，观察现象。

【注意事项】

1. 加入酸性乙醇溶液抽提时，为了防止变性，应注意要一边搅拌一边缓缓倾入。
2. 在抽提洗涤时，要用乙醇洗涤，切不可用水，否则会导致 RNA 溶解造成损失，降低 RNA 提取率。
3. 苔黑酚－乙醇溶液配制后放置于棕色瓶中，冰箱保存。

【实践应用】

酵母菌是一些单细胞真菌，目前已知的酵母菌有 1 000 多种。酵母菌有三类：子囊菌、担子菌和假酵母菌。目前已知大部分酵母菌都属于子囊菌门，这是一种产生孢子的真菌。目前，尤其是食品行业中，如啤酒发酵、酸奶生产等都与酵母菌息息相关。所以，科研人员对酵母菌的研究工作也是越来越多。总 RNA 提取中，除了某些富含多糖多酚的植物组织以及土壤较为困难外，酵母由于其复杂的细胞壁结构也给实验人员造成不小的麻烦。RNA 提取常用的有稀碱法和浓盐法。稀碱法可使细胞壁溶解，使 RNA 释放。浓盐法提取 RNA 是用 100 g/L NaCl 溶液改变细胞膜的通透性，使核酸从细胞内释放出来。

【思考与探索】

1. 酵母 RNA 的提取分离方法有哪几种？其原理是什么？试比较它们的优缺点。
2. 本实验的 RNA 在何种条件下发生水解，其产物是什么？

实验 34 琼脂糖凝胶电泳检测 DNA

【目的与原理】

1. 目的

（1）学习和掌握琼脂糖凝胶电泳检测 DNA 的实验技术和原理。

（2）了解核酸染料染色检测核酸的实验技术。

2. 原理

琼脂糖是一种链状多糖，其结构单元是 D- 半乳糖 -3,6-L 半乳糖。琼脂糖分子依靠氢键及其他作用力使其互相盘绕形成绳状琼脂糖束，构成大网孔型凝胶。该物质对尿素和盐酸胍等破坏氢键的试剂有较强的抵抗力。在 pH 4.0 ~ 9.0 的缓冲液中稳定。由于其分子上无带电基团，在缓冲液离子强度大于 0.05 时，对蛋白质无吸附作用，也无电渗现象，因而分辨率和重现性均较好，是一种优良的电泳材料。

DNA分子在琼脂糖凝胶中泳动时有电荷效应和分子筛效应。DNA分子在高于等电点的pH溶液中带负电荷，在电场中向正极移动。由于糖－磷酸骨架在结构上的重复性质，相同数量的双链DNA几乎具有等量的静电荷，因此它们能以同样的速率向正极方向移动。在一定的电场强度下，DNA分子的迁移率取决于分子筛效应，即DNA分子本身的大小和构型。具有不同相对分子质量的DNA片段迁移速率不一样，可进行分离。DNA分子的迁移速率与相对分子质量的对数值成反比。

凝胶电泳不仅可分离不同相对分子质量的DNA，也可以分离相对分子质量相同，但构型不同的DNA分子，如pUC19质粒有3种构型：超螺旋的共价闭合环状质粒DNA（covalently closed circular DNA，简称cccDNA）；开环质粒DNA，即共价闭合环状质粒DNA的一条链发生断裂（open circular DNA，简称ocDNA）；线状质粒DNA，即共价闭合环状质粒DNA的两条链发生断裂（linear DNA，简称lDNA）。这3种构型的质粒DNA分子在琼脂糖凝胶电泳中的迁移速率不同。电泳后呈3条带，cccDNA迁移速率最快，其次为lDNA，最慢的为ocDNA。

传统的核酸染料溴乙锭（EB）是一种高度灵敏的荧光染色剂，用于观察琼脂糖和聚丙烯酰胺凝胶中的DNA。溴乙锭在302 nm紫外光下激发并放射出橙红色信号。由于溴乙锭可以嵌入核酸分子的碱基中从而导致错配。溴乙锭是强诱变剂，具有高致癌性。为减少实验操作中有毒物质的接触，开发了多种安全性、稳定性和灵敏度都较好的大分子核酸染料，可以和核酸分子结合并在紫外灯下产生荧光，适用于各种核酸物质的检测。

【实验材料与主要耗材】

1. 实验材料

待测的DNA。

2. 主要耗材

150 mL锥形瓶 ×1，50 mL量筒 ×1，10 μL加样枪头若干。

【仪器与设备】

电泳仪，水平电泳槽，凝胶成像系统，微量移液器（10 μL），微波炉。

【试剂与溶液配制】

1. 试剂

琼脂糖，EDTA-2Na，氢氧化钠（NaOH），三羟甲基氨基甲烷（Tris），硼酸，溴酚蓝，蔗糖，核酸染料，DNA标记。

2. 溶液配制

（1）0.5 mol/L EDTA缓冲液（pH 8.0）　称取18.61 g EDTA-2Na，用80 mL蒸馏水溶解后，加入约2 g NaOH，调节pH至8.0，最后用100 mL容量瓶定容。

（2）5×TBE储存液　分别称取54 g Tris和27.5 g硼酸，用800 mL蒸馏水溶解后，加入20 mL 0.5 mol/L EDTA缓冲液，定容至1 000 mL。

（3）凝胶加样缓冲液（6×）　含有2.5 g/L溴酚蓝溶液和0.4 mg/L蔗糖溶液。分别称取

0.25 g 溴酚蓝和 40 g 蔗糖，用 80 mL 蒸馏水溶解后定容至 100 mL；每个检测样品用量 2 μL。

【实验步骤】

1. 制备琼脂糖凝胶

（1）按照被分离 DNA 的大小，决定琼脂糖凝胶浓度。参考表 34–1 操作。

表 34–1 线性 DNA 有效分离的琼脂糖凝胶浓度

琼脂糖凝胶浓度 /%	线性 DNA 的有效分离范围 /kb
0.3	5 ~ 60
0.6	1 ~ 20
0.7	0.8 ~ 10
0.9	0.5 ~ 7
1.2	0.4 ~ 6
1.5	0.2 ~ 4
2.0	0.1 ~ 3

（2）称取 0.3 g 琼脂糖，放入锥形瓶中，加入 30 mL 0.5 × TBE 缓冲液，置微波炉中加热至完全溶化，取出摇匀，则为 1% 琼脂糖凝胶液。

2. 胶板的制备

（1）取有机玻璃内槽，洗净，晾干，置于制胶模具上，放置于一水平位置，并放好样品梳子。

（2）将冷到 60℃左右的琼脂糖凝胶液，加入 2 μL 核酸染料混匀后，缓缓倒入有机玻璃内槽，直至有机玻璃板上形成一层均匀的胶面（注意不要形成气泡）。

（3）待胶凝固后，取出有机玻璃内槽，放在电泳槽，加入 0.5 × TBE 缓冲液至电泳槽中，让缓冲液盖过凝胶，取出梳子，准备加样。

3. 加样

用微量移液器将凝胶加样缓冲液与 DNA 样品按 1 : 5 比例混合，加入加样孔中（记录加样顺序及加样量）。每次加样量约 10 μL。

4. 电泳

（1）接通水平电泳槽与电泳仪的电源（注意正负极，DNA 片段从负极向正极移动）。DNA 的迁移速率与电压成正比，最高电压不超过 5 V/cm。

（2）当溴酚蓝染料移动到距凝胶前沿 1 ~ 2 cm 处，停止电泳。

（3）将染色后的凝胶放入凝胶成像系统中拍照。

【注意事项】

1. 加样时应将加样枪头伸入加样孔内加样，以免检测样品扩散到电泳缓冲液。
2. 琼脂糖凝胶液中加入核酸染料时的温度不能太高，以免染料分子降解。
3. 电泳时间不能过长，以免样品渗出凝胶。

4. 取出琼脂糖凝胶观察时，要小心，以免损坏凝胶。

5. 接触含有核酸染料的凝胶需要戴一次性手套，不能直接接触。

6. 核酸染料也可以不在制胶的时候加入，而在电泳结束后将胶放入核酸染料溶液中染色 30 min 后，再紫外检测。

【实践应用】

一般的核酸检测只需要琼脂糖凝胶电泳即可；如果需要分辨率高的电泳技术，特别是只有几个碱基差别时，应该选择聚丙烯酰胺凝胶电泳；普通的琼脂糖凝胶电泳也不适合分析相对分子质量极大的 DNA，应该使用脉冲凝胶电泳。

【思考与探索】

1. 为什么提取的质粒直接电泳检测可能出现 3 条不同的条带？

2. 电泳加样时，加样孔应在哪个电极附近？为什么？

实验 35 PCR 基因扩增

【目的与原理】

1. 目的

学习和掌握聚合酶链反应的基本原理与实验技术。

2. 原理

聚合酶链反应（polymerase chain reaction，PCR）的原理类似于 DNA 的天然复制过程。一对寡核苷酸引物分别结合在待扩增的目标 DNA 片段的两侧，经变性、退火和延伸若干个循环后，DNA 扩增 2^n 倍。整个实验由变性、退火和延伸等过程构成。①变性：加热使模板 DNA 在高温下（95℃）变性，双链间的氢键断裂而形成两条单链，即变性阶段。②退火：使溶液温度降至 50 ~ 60℃，模板 DNA 与引物按碱基配对原则互补结合，即退火阶段。③延伸：溶液反应温度升至 72℃，耐热 DNA 聚合酶以单链 DNA 为模板，在引物的引导下，利用反应混合物中的 4 种脱氧核苷三磷酸（dNTP），按 5′→3′ 方向复制出互补 DNA，即引物的延伸阶段。

从理论上讲，每经过一个循环，样本中的 DNA 量增加一倍，新合成的链又可成为下一轮新循环的模板，经过 25 ~ 30 个循环后 DNA 可扩增 $10^6 \sim 10^9$ 倍。

【实验材料与主要耗材】

1. 实验材料

模板 DNA（1 ng/ μL）。

2. 主要耗材

加样枪头若干，PCR 管若干。

【仪器与设备】

电泳仪，水平电泳槽，PCR 热循环仪，凝胶成像系统，制冰机，微量移液器（20 μL、10 μL、2.5 μL）。

【试剂与溶液配制】

1. 试剂

10× 缓冲液，r*Taq* 酶，dNTP，引物溶液，琼脂糖。

2. 溶液配制

本实验中使用的 10× 缓冲液、dNTP、r*Taq* 酶都可直接购买，无须学生准备。

（1）10× 缓冲液　含有 500 mmol/L KCl 溶液、100 mmol/L Tris–HCl 缓冲液（pH 8.3）、15 mmol/L $MgCl_2$ 溶液和 0.1% 明胶。

（2）dNTP　分别含有 1 mmol/L 的 dATP、dCTP、dGTP、dTTP。

（3）引物 1 和引物 2 溶液　配制的引物溶液浓度为 10 pmol/μL。

【实验步骤】

（1）在 PCR 管内按表 35–1 配制 20 μL 反应体系（冰上操作）。

表 35–1　PCR 反应体系

反应物	体积 /μL
10× 缓冲液	2.0
dNTP	0.5
引物 1	1.0
引物 2	1.0
r*Taq* 酶	0.5
DNA 模板	1
ddH_2O	14
总体积	20

（2）按下列程序在 PCR 热循环仪上进行扩增：

① 95℃预变性　　5 min；

② 95℃变性　　30 s；

③ 55℃退火　　40 s；

④ 72℃延伸　　1 min；

⑤ 重复步骤② ~ ④ 30 个循环；

⑥ 72℃延伸　　10 min。

（3）琼脂糖凝胶电泳分析 PCR 结果　配制 0.7% 琼脂糖凝胶，取 10 μL 扩增产物电泳。保持电流 40 mA。电泳结束后，凝胶成像系统观察结果。

【注意事项】

1. 实验中使用的塑料制品都需要灭菌处理。
2. PCR 加样时，尽量保持低温操作，避免酶失活和模板、引物的降解。
3. 设置一份阴性对照，即用超纯水替代模板 DNA 进行 PCR 反应，以排除假阳性结果。

【实践应用】

PCR 技术出现使获得目的基因变成一件简单的事情。研究者可以根据目的基因的序列特征设计合适的引物，快捷地获得大量目的基因片段。不同目的基因的 PCR 扩增热循环参数有差异，要根据目的基因的特性设计热循环参数。

【思考与探索】

1. 什么是引物二聚体？出现引物二聚体的原因是什么？
2. 如何确定退火的温度和延伸的时间？

实验 36　重组质粒 DNA 的提取

【目的与原理】

1. 目的

（1）学习碱裂解法提取质粒的基本原理。

（2）掌握碱裂解法小量提取质粒的操作技术。

2. 原理

质粒是细菌细胞内独立于染色体外的遗传物质，是环状的双链 DNA 分子。碱裂解法提取质粒是根据共价闭合环状质粒 DNA 与线性 DNA 在拓扑学上的差异而分离。在 pH 介于 12.0 ~ 12.5 时，线性 DNA 和共价闭合环状质粒 DNA 的氢键都会被断裂，双螺旋结构解开而变性。当加入 pH 4.8 的乙酸钾缓冲液恢复 pH 至中性时，共价闭合环状质粒 DNA 的两条互补链复性迅速而准确，重新溶解在液相中；而线性 DNA 的两条互补链彼此已完全分开，不能迅速而准确地复性，它们缠绕形成网状结构。通过离心，线性 DNA 与不稳定的大分子 RNA、蛋白质 –SDS 复合物等一起沉淀下来而被除去。

【实验材料与主要耗材】

1. 实验材料

含有目的质粒 DNA 的大肠杆菌细胞。

2. 主要耗材

1.5 mL 离心管若干，吸水纸若干，加样枪头若干。

【仪器与设备】

恒温摇床，台式离心机，电泳仪，水平电泳槽，凝胶成像系统，制冰机，真空干燥器，微量移液器（1 mL、100 μL、10 μL）。

【试剂与溶液配制】

1. 试剂

葡萄糖，三羟甲基氨基甲烷（Tris），浓盐酸（HCl），EDTA-2Na，氢氧化钠（NaOH），十二烷基硫酸钠（SDS），乙酸钾，无水乙酸，无水乙醇，饱和酚，LB 液体培养基，琼脂糖。

2. 溶液配制

（1）1.0 mol/L Tris-HCl 缓冲液（pH 8.0）　称取 12.11 g Tris，用约 80 mL 蒸馏水溶解后，加入约 4.2 mL 浓 HCl，调 pH 至 8.0，最后定容至 100 mL。

（2）0.5 mol/L EDTA 缓冲液（pH 8.0）　称取 18.61 g EDTA-2Na 用约 80 mL 水溶解后，加入约 2 g NaOH，调 pH 至 8.0，最后用 100 mL 容量瓶定容。

（3）0.4 mol/L NaOH 溶液　称取 0.8 g NaOH，溶解后定容至 50 mL。

（4）20 g/L SDS 溶液　称取 1 g SDS，溶解后定容至 50 mL。

（5）5 mol/L 乙酸钾溶液　称取 49 g 乙酸钾，溶解后定容至 100 mL。

（6）溶液Ⅰ（pH 8.0）　含有 50 mmol/L 葡萄糖溶液、5 mmol/L Tris-HCl 缓冲液、10 mmol/L EDTA 缓冲液。称取 0.9 g 葡萄糖，用约 50 mL 蒸馏水溶解后，分别量取 0.5 mL 的 1.0 mol/L Tris-HCl 缓冲液和 4 mL 的 0.5 mol/L EDTA 缓冲液混匀，加水定容至 100 mL。115℃湿热灭菌 15 min，4℃保存。

（7）溶液Ⅱ　将等体积的 0.4 mol/L NaOH 溶液和 20 g/L SDS 溶液混合，新鲜配制。

（8）溶液Ⅲ　含有 5 mol/L 乙酸钾溶液和 3 mol/L 无水乙酸溶液。分别量取 60 mL 的 5 mol/L 乙酸钾溶液和 11.5 mL 无水乙酸，加水定容至 100 mL。115℃湿热灭菌 20 min，4℃保存。

（9）70% 乙醇　量取 70 mL 无水乙醇，用水定容至 100 mL。

（10）TE 缓冲液（pH 8.0）　含有 10 mmol/L Tris-HCl 缓冲液和 1 mmol/L EDTA 缓冲液。分别量取 1 mL 1.0 mmol/L Tris-HCl 缓冲液和 0.2 mL 0.5 mol/L EDTA 缓冲液，混合均匀后定容至 100 mL。

（11）LB 液体培养基　胰蛋白胨 10 g、酵母提取物 5 g、NaCl 10 g，定容于 1 000 mL 蒸馏水中，高压灭菌后，4℃保存。

【实验步骤】

（1）将含有目的质粒 DNA 的大肠杆菌菌株接种于 LB 液体培养基中，37℃振荡培养过夜。

（2）取 1 mL 培养物倒入 1.5 mL 离心管中，12 000 r/min 离心 1 min。

（3）弃去培养物上清液，使细胞沉淀尽可能干燥。

（4）将细菌沉淀悬浮于 100 μL 冰预冷的溶液Ⅰ中，剧烈振荡。

（5）加 200 μL 溶液Ⅱ（新鲜配制），盖紧管盖，快速颠倒 5 次，混匀内容物，将离心管放在冰上。

（6）加入 150 μL 溶液Ⅲ（冰上预冷），盖紧管盖，颠倒数次使混匀，冰上放置 5 min。

（7）12 000 r/min 离心 10 min，将上清液转至新 1.5 mL 离心管中。

（8）向上清液中加入等体积的饱和酚，混匀。

（9）12 000 r/min 离心 5 min，将上清液转至新 1.5 mL 离心管中。

（10）向上清液中加入 2 倍体积无水乙醇，混匀后，室温放置 5 ~ 10 min。12 000 r/min 离心 5 min。倒去上清液，把离心管倒扣在吸水纸上，吸干液体。

（11）1 mL 70% 乙醇洗涤质粒 DNA 沉淀，振荡并离心，倒去上清液，真空干燥器抽干或空气中干燥。

（12）用 20 μL TE 缓冲液使 DNA 完全溶解，−20℃保存。

（13）琼脂糖凝胶电泳检测提取的质粒 DNA 样品。

【注意事项】

1. 实验中使用的溶液和加样枪头都需要高压灭菌处理。
2. 由于溶液Ⅰ中含有葡萄糖，高压灭菌的时间过长，会导致葡萄糖碳化。
3. 加入溶液Ⅱ后，要温和混匀。
4. 溶液Ⅰ、溶液Ⅲ、无水乙醇、TE 缓冲液都应 4℃保存。

【实践应用】

由于质粒比较小，并且能进行独立的自我复制，常常被改造为克隆和表达的载体分子，广泛应用在分子生物学研究中。

【思考与探索】

溶液Ⅱ中 SDS 和 NaOH 的作用分别是什么？

实验 37　重组质粒 DNA 的酶切鉴定

【目的与原理】

1. 目的

（1）掌握限制性内切酶的特点和功能。

（2）掌握限制性内切酶酶切技术。

2. 原理

限制性内切酶（restriction enzyme，RE）是在细菌内发现的细菌降解外来 DNA 的保护酶。限制性内切酶通过识别特定的核酸双链序列并在特定的位点切断磷酸二酯键。不同的限制性内切酶识别的序列不同。

【实验材料与主要耗材】

1. 实验材料

待分析的质粒 DNA。

2. 主要耗材

加样枪头若干，PCR 管若干。

【仪器与设备】

恒温水浴锅，微量移液器（10 μL、2.5 μL），制冰机，电泳仪，水平电泳槽，凝胶成像系统。

【试剂与溶液配制】

1. 试剂

限制性内切酶 *Eco*R Ⅰ 和 *Hind* Ⅲ，对应的酶切缓冲液，琼脂糖。

2. 溶液配制

本实验中使用的 10× 酶切缓冲液、限制性内切酶都可直接购买，无须学生准备。由于不同规格的 10× 酶切缓冲液配方有差异，学生可以从说明书上了解配方详情。

【实验步骤】

（1）在 PCR 管中，按表 37–1 顺序加样（在冰上操作）。

表 37–1　酶切反应体系

反应物	体积 /μL
10× 酶切缓冲液	1
*Eco*R Ⅰ 或 *Hind* Ⅲ	1
待分析的质粒 DNA	4
超纯水	4
总体积	10

注：加入的限制性内切酶也可以采用 *Eco*R Ⅰ 和 *Hind* Ⅲ 10× 双酶切缓冲液，两种限制性内切酶各加 0.5 μL。

（2）37℃，反应 1 h，如果是双酶切需要反应至少 90 min。

（3）琼脂糖凝胶电泳检测酶切后的样品。

【注意事项】

1. 酶切反应体系的加样操作过程尽量保持低温，以免质粒 DNA 降解和限制性内切酶变性。

2. 使用的 PCR 管和加样枪头均需要高温高压灭菌处理。

3. 不要将不同规格的限制性内切酶和酶切缓冲液混合使用。

【实践应用】

限制性内切酶被称为 DNA 分子手术刀，是基因工程操作中的一类重要工具酶。限制性内切酶的发现使得人为地切割和拼接基因成为可能。

【思考与探索】

如果一个特定质粒上有 3 个 *Eco*R Ⅰ酶切位点，该质粒经 *Eco*R Ⅰ完全酶切将有几条不同片段？

实验 38 植物组织总 RNA 的提取、鉴定、反转录及 RT-PCR

【目的与原理】

1. 目的

（1）了解 RNA 的特性。

（2）掌握 Trizol 法提取 RNA 的原理及操作技术。

2. 原理

在提取细胞内 RNA 的过程中，RNA 分子容易受细胞内核酸酶、化学试剂、机械振荡等多种因素影响而破坏分子结构，导致提取失败。Trizol 是一种新型总 RNA 抽提试剂，内含异硫氰酸胍等物质，能迅速破碎细胞，抑制细胞释放的核酸酶活性。Trizol 适用于从多种组织和细胞中快速分离总 RNA。

RNA 提取后的鉴定方法包括以下几种：纯 RNA 的 A_{260}/A_{280} 为 2.0，可通过该值判断 RNA 的质量；可通过琼脂糖凝胶电泳检测 RNA 条带数量判断 RNA 提取结果；可通过核酸蛋白质检测仪测定质量和纯度。

反转录是指以 RNA 为模板合成 DNA 的过程，即将遗传信息由 RNA 逆向传给 DNA 的过程。Trizol 法提取 RNA 可用于反转录实验的模板，经反转录后可生成 cDNA。获得的 cDNA 又可用于 RT-PCR 实验的模板。

【实验材料与主要耗材】

1. 实验材料

植物叶片（幼嫩材料最佳）。

2. 主要耗材

1.5 mL 离心管（DEPC 处理）×4，PCR 管（DEPC 处理）若干，加样枪头（DEPC 处理）若干，研钵 ×1，吸水纸若干。

【仪器与设备】

电子天平，电泳仪，水平电泳槽，超净工作台，旋涡振荡仪，制冰机，剪刀，微量移液器（1 mL、10 μL），凝胶成像系统，PCR 热循环仪，恒温水浴锅，高速冷冻离心机。

【试剂与溶液配制】

1. 试剂

Trizol 试剂，氯仿，异戊醇，无水乙醇，DEPC（二乙基焦碳酸酯），液氮，异丙醇，琼脂糖，RNA 反转录试剂盒，RT-PCR 试剂盒。

2. 溶液配制

（1）Trizol 试剂　直接使用供应商提供的 Trizol 试剂。

（2）氯仿 - 异戊醇混合液（24：1，体积比）　分别量取 96 mL 氯仿和 4 mL 异戊醇混合均匀。

（3）70% 乙醇　量取 70 mL 无水乙醇用水定容至 100 mL，4℃保存。

（4）0.1% DEPC 超纯水　用微量移液器吸取 1 mL DEPC，加入 1 L 待处理超纯水中，经剧烈振摇后，于室温静止数小时，然后高压灭菌，以降解 DEPC（DEPC 分解为 CO_2 和乙醇）。

【实验步骤】

1. RNA 的提取

（1）称取 1 g 新鲜的植物叶片，用蒸馏水冲洗叶面，吸水纸吸干水分。

（2）将叶片剪成 1 cm 长，置预冷的研钵中，倒入液氮，快速研磨成粉末。

（3）待液氮蒸发完后，快速称取 0.1 g 粉末移到 1.5 mL 离心管中，加入 1 mL Trizol 试剂，充分振荡，冰上静置 3 ~ 5 min。

（4）加入 200 μL 氯仿 - 异戊醇混合液（24：1）或氯仿，剧烈振荡混匀 30 s。

（5）12 000 r/min，4℃，离心 10 min。

（6）将上清液小心转移到新 1.5 mL 离心管中，加入上清液 0.6 倍体积的异丙醇，−20℃放置 30 min。

注：不要吸取任何中间层物质，否则会出现 DNA 污染。

（7）12 000 r/min，4℃，离心 5 min。

（8）小心移去上清液，防止沉淀丢失。

（9）加入 700 μL 70% 乙醇洗涤，12 000 r/min，4℃，离心 5 min。

（10）重复步骤 9，弃上清液。

（11）室温放置 5 ~ 10 min 晾干。

（12）加 0.1% DEPC 超纯水溶解 RNA 沉淀，可用枪头吹打帮助溶解，−20℃保存（长期不用，可放至 −80℃超低温冰箱中保存）。

注：可以采用电泳技术或比色法检测 RNA 的浓度、纯度情况。

2. RNA 的反转录

取 2.5 μL 的总 RNA，依次加入表 38-1 中的各成分，按 RNA 反转录试剂盒说明操作。

表 38-1　反转录反应体系及条件

反应物	体积 /μL
总 RNA	2.5
25 pmol/L olig dT 溶液	2.0
0.1% DEPC 超纯水	5.5
70℃ 5 min，0℃ 10 min	
5 × AMV 缓冲液	5.0

续表

反应物	体积 /μL
10 mmoL/L dNTP 溶液	2.5
RNA 酶抑制剂	0.5
AMV 反转录酶	0.5
0.1% DEPC 超纯水	6.5
总体积	25
42℃ 60 min，95℃ 5 min	

反应结束后 -20℃保存 cDNA。

3. RT-PCR

按表 38-2 依次加入各成分，按 RT-PCR 试剂盒说明操作。

表 38-2 RT-PCR 反应体系

反应物	体积 /μL
10 × PCR 缓冲液	5.0
5 U/L Ex*Taq* 酶	0.5
2.5 mmol/L dNTP 溶液	4
cDNA 模板	1
上游引物	1
下游引物	1
ddH_2O	37.5
总体积	50

反应条件：95℃ 5 min，95℃ 30 s，55℃ 30 s，72℃ 1 min，共 30 个循环，72℃ 10 min，4℃保温。

实验结果可通过琼脂糖凝胶电泳进行检测。

【注意事项】

1. RNA 提取和反转录实验全程须戴口罩和一次性手套。因为皮肤带有细菌和霉菌，可能污染抽提的 RNA，并成为 RNA 酶的来源。

2. 选用新鲜材料，材料的预处理不要时间太长。

3. 整个提取过程除注明需要在某一温度下进行外，一般均保持 0 ~ 4℃进行操作，但不同材料和不同方法对温度要求的严格程度也不一样。

4. pH 要适当，除特别注明在某一步需要比较高或比较低的 pH 外，pH 一般保持中性。

5. 避免强烈的理化因素作用。如局部过酸、过碱、过热和强烈机械外力，以及剧烈搅拌等。

6. 从材料预处理、细胞破碎直至提取分离纯化均应注意抑制 RNA 酶的作用。

【实践应用】

Trizol 法提取植物 RNA 广泛应用于植物分子生物学实验中，具体操作步骤可以根据实验材料的来源和数量不同而调整，以期提取到浓度高、纯度高、稳定的 RNA 样品。

【思考与探索】

1. Trizol 试剂有什么作用?
2. 实验中使用哪种试剂沉淀 RNA 分子？其沉淀的原理是什么?

实验 39　外源基因在大肠杆菌中的诱导表达

【目的与原理】

1. 目的

（1）了解外源蛋白质在大肠杆菌中表达的原理。

（2）掌握诱导目的基因在大肠杆菌中表达的方法。

2. 原理

将目的基因插入载体，成功构建表达载体后，经过转化导入大肠杆菌某一合适的菌株中，然后培养大肠杆菌，表达目的蛋白。pET 表达系统是目前最常用的、高效的大肠杆菌表达系统之一，载体 pET28 的主要构成元件有 T7 噬菌体启动子、核糖体结合位点、乳糖操纵子、His-6 标签序列、凝血酶切割位点、多克隆位点、乳糖阻遏子序列（lacI），以及 T7 噬菌体终止子、pBR3232 复制子、f1 噬菌体复制子、卡那霉素筛选标记序列等。T7 噬菌体启动子、核糖体结合位点等引导外源基因的高效转录和翻译。乳糖操纵子和乳糖阻遏子序列存在的意义在于：当目的蛋白对大肠杆菌有毒性时，可以通过添加阻遏物控制目的蛋白以低水平表达。His-6 标签序列、凝血酶切割位点有利于用 His-6 的螯合层析分离纯化蛋白质，然后用凝血酶切割去除标签蛋白质。多克隆位点处的 *Xho* Ⅰ、*Bam*H Ⅰ 等位点在该载体上只有单一切点，方便用作外源基因插入位点。

pET 表达系统的受体菌是能够产生 T7 RNA 聚合酶的大肠杆菌菌株，常用菌株为 BL21。BL21 菌株缺损 lon 和 ompT 蛋白酶，使目的蛋白更稳定，表达水平大大提高。BL21 菌株的基因组上以溶原形式携带一个克隆的 T7 RNA 聚合酶基因，异丙基 -D- 硫代吡喃半乳糖苷（IPTG）可以诱导 T7 RNA 聚合酶大量合成，外源基因高效表达，使目的基因的表达处于严格的控制之下。同时由于 T7 溶菌酶的破细胞壁作用，该菌株很容易通过冻融或 0.1% TritonX-100 处理而破裂细胞。

【实验材料与主要耗材】

1. 实验材料

含外源基因（720 bp）的 pET28a 重组质粒，大肠杆菌。

2. 主要耗材

加样枪头若干，培养皿 ×2，1.5 mL 离心管 ×6，100 mL 三角瓶 ×4。

【仪器与设备】

恒温水浴锅，恒温摇床，旋涡振荡器，可见分光光度计，低温高速离心机，微量移液器（1 mL、200 μL、10 μL），SDS- 聚丙烯酰胺凝胶电泳设备。

【试剂与溶液配制】

1. 试剂

十二烷基硫酸钠（SDS），三羟甲基氨基甲烷（Tris），二硫苏糖醇（DTT），溴酚蓝，甘油，丙烯酰胺（Acr），甲叉双丙烯酰胺（Bis），过硫酸铵（AP），无水乙酸，盐酸（HCl），巯基乙醇，四甲基乙二胺（TEMED），甘氨酸，考马斯亮蓝 R-250，甲醇，卡那霉素，异丙基 -D- 硫代吡喃半乳糖苷（IPTG），LB 液体培养基。

2. 溶液配制

（1）1×SDS 凝胶加样缓冲液　5 mL 1 mol/L Tris-HCl 缓冲液（pH 6.8），二硫苏糖醇（DTT）15.4 g，SDS（电泳级）2 g，溴酚蓝 0.1 g，甘油 10 mL 混匀，定容至 100 mL。

（2）1.0 mol/L Tris-HCl 缓冲液（pH 6.8）　称取 12.11 g Tris，用约 80 mL 蒸馏水溶解后，加入约 4.2 mL 浓 HCl，调 pH 至 6.8，最后定容至 100 mL。

（3）10 mg/mL 卡那霉素溶液　10 mg 卡那霉素溶于 1 mL 水中，过滤除菌后 -20℃保存。

（4）24 mg/mL（100 mmol/L）IPTG 溶液　0.24 g IPTG 溶于 8 mL 蒸馏水中，定容至 10 mL，过滤除菌（0.22 nm 滤器）后分装 1 mL，-20℃保存。

（5）蛋白质聚丙烯酰胺凝胶电泳相关试剂、考马斯亮蓝 R-250 染色液、脱色液及电极缓冲液参见实验 11。

（6）LB 液体培养基　胰蛋白胨 10 g、酵母提取物 5 g、NaCl 10 g，定容于 1 000 mL 蒸馏水中，高压灭菌后，4℃保存。

【实验步骤】

（1）将含有重组质粒 pET28a 的大肠杆菌 Rosetta 单菌落接种于 5 mL 含有卡那霉素的 LB 液体培养基中，180 r/min，37℃振荡培养过夜。

（2）以 1∶100 的比例将菌液接种到含有卡那霉素的 LB 液体培养基中，每隔 1 h 取菌液测定 A_{600}，当吸光度达到 0.8 时停止振荡。

（3）将菌液分装到 4 个 100 mL 三角瓶中，加入 IPTG 使其终浓度为 1.0 mmol/L，分别用 16℃、20℃、28℃、37℃进行诱导；同时以 pET28a 空载体的大肠杆菌为阴性对照，未诱导重组质粒为阳性对照。

（4）4 000 r/min 离心 15 min，弃上清液，收集菌体。

（5）将各组全部沉淀物重悬于 100 μL 的 1×SDS 凝胶加样缓冲液，用旋涡振荡器剧烈振荡数分钟，然后将样品放入沸水中煮 10 min。

（6）待样品冷却至室温，12 000 r/min 离心 10 min，取上清液，每种悬液取 15 μL 加样于适当浓度的 SDS- 聚丙烯酰胺凝胶上，对照操作相同。

（7）电泳结束后，用考马斯亮蓝 R-250 进行染色，脱色后观察目的蛋白是否诱导表达成功，同时观察表达质粒和空载体诱导前后的差异。

【注意事项】

1. 配制 SDS- 聚丙烯酰胺凝胶溶液时要小心，并戴手套操作。
2. 诱导目的蛋白表达时要摸索诱导时间，找到最佳的诱导时间。

【实践应用】

大肠杆菌具有遗传背景清楚、繁殖快、成本低、表达量高、表达产物容易纯化等优点，是外源基因表达技术中发展最早和目前应用最广泛的经典表达系统。蛋白质分泌表达是指重组外源蛋白质通过运输或分泌方式定位于细胞质，甚至穿过外膜进入培养基中。重组蛋白质分泌表达的优势在于细胞质或细胞外分泌表达过程中，信号肽在细胞内剪切，更有可能产生目的蛋白的天然 N 端。大肠杆菌的细胞质中含有一系列的酶，并提供了一个氧化环境，有利于二硫键的正确形成，并增强巯基蛋白的正确折叠，使活性蛋白质的产量得到提高；蛋白质分泌性表达减少了对宿主菌的毒性和代谢负担，使宿主菌适应性增加；胞质空间和胞外培养基中宿主菌蛋白质含量很低，有利于目的蛋白的纯化。

【思考与探索】

1. IPTG 诱导重组蛋白表达的原理是什么？
2. 如果诱导表达的重组蛋白形成包涵体，该如何处理？

参考文献

1. 甘纯玑，崔喜艳 . 生物化学与分子生物学实验［M］. 北京：高等教育出版社，2014.
2. 杨志敏，谢彦杰 . 生物化学实验［M］. 2 版 . 北京：高等教育出版社，2019.
3. 张丽萍，魏民，王桂云 . 生物化学实验指导［M］. 北京：高等教育出版社，2011.
4. 王丽，陆军 . 分子生物学实验指导［M］. 北京：高等教育出版社，2011.
5. 李庆章 . 动物生物化学实验技术教程［M］. 北京：高等教育出版社，2015.
6. 崔喜艳 . 基础生物化学实验技术和方法［M］. 北京：中国林业出版社，2008.
7. 陈毓荃 . 生物化学实验方法与技术［M］. 北京：科学出版社，2007.
8. 黄卓烈 . 生物化学实验技术［M］. 北京：中国农业出版社，2012.
9. 宋方洲 . 生物化学与分子生物学实验［M］. 北京：科学出版社，2013.
10. 万东石 . 酶工程实验指导［M］. 兰州：兰州大学出版社，2011.

附　录

一、实验室安全知识及实验注意事项

（一）实验室安全知识

在生物化学实验室中，经常与毒性很强、有腐蚀性、易燃烧和具有爆炸性的化学药品直接接触，常常使用易碎的玻璃和瓷质器皿以及在水、电、煤气等高温电热设备的环境下进行着紧张而细致的工作，因此，必须十分重视安全工作。

1. 进入实验室开始工作前应了解煤气总阀门、水阀门及电闸所在处。离开实验室时，一定要将室内检查一遍，应将水、电、煤气的开关关好，门窗锁好。

2. 使用煤气灯时，应先将火柴点燃，一手执火柴紧靠近灯口，一手慢开煤气阀门。不能先开煤气阀门，后燃火柴。灯焰大小和火力强弱，应根据实验的需要来调节。用火时，应做到火着人在，人走火灭。

3. 使用电器设备（如供箱、恒温水浴、离心机、电炉等）时，严防触电；绝不可用湿手或在眼睛旁视时开关电闸和电器开关。应该用试电笔检查电器设备是否漏电，凡是漏电的仪器，一律不能使用。

4. 使用浓酸、浓碱，必须极为小心地操作，防止溅失。用吸量管量取这些试剂时，必须使用橡皮球或洗耳球，绝对不能用口吸取。若不慎溅在实验台或地面，必须及时用湿抹布擦洗干净。如果触及皮肤应立即治疗。

5. 使用可燃物，特别是易燃物（如乙酸、丙酮、乙醇、苯、金属钠等）时，应特别小心。不要大量放在桌上，更不应放在靠近火焰处。只有在远离火源时，或将火焰熄灭后，才可大量倾倒易燃液体。低沸点的有机溶剂不准在火焰上直接加热，只能在水浴上利用回流冷凝管加热或蒸馏。

6. 如果不慎倾出了相当量的易燃液体，则应按下法处理。

（1）立即关闭室内所有的火源和电加热器。

（2）关门，开启小窗及窗户。

（3）用毛巾或抹布擦拭洒出的液体，并将液体拧到大的容器中，然后再倒入带塞的玻璃瓶中。

7. 用油浴操作时，应小心加热，不断用温度计测量，不要使温度超过油的燃烧温度。

8. 易燃和易爆炸物质的残渣（如金属钠、白磷、火柴头）不得倒入污物桶或水槽中，应收集在指定的容器内。

9. 废液，特别是强酸和强碱不能直接倒在水槽中，应先稀释，然后倒入水槽，再用大量自来水冲洗水槽及下水道。

10. 有毒药品应按实验室的规定办理审批手续后领取，使用时严格操作，用后妥善处理。

（二）实验注意事项

1. 挪动干净玻璃仪器时，勿使手指接触仪器内部。

2. 量瓶是量器，不要用量瓶作盛器。量瓶等带有磨口玻璃塞仪器的塞子，不要盖错。带玻璃塞的仪器和玻璃瓶等，如果暂时不使用，要用纸条把瓶塞和瓶口隔开。

3. 洗净的仪器要放在架上备用，并用硫酸纸作记录。

4. 不要用石蜡封闭精细药品的瓶口，以免掺混。

5. 标签纸的大小应与容器相称，或用大小相当的白纸，绝对不能用滤纸。标签上要写明物质的名称、规格和浓度、配制的日期及配制人。标签应贴在试剂瓶或烧杯的 2/3 处，试管等细长形容器则贴在上部。

6. 使用铅笔写标记时，要在玻璃仪器的磨砂玻璃处。如用玻璃蜡笔或水不溶性油漆笔，则写在玻璃容器的光滑面上。

7. 取用试剂和标准液后，需要立即将瓶塞严，放回原处。取出的试剂和标准液，如未用尽，切勿倒回瓶内，以免带入杂质。

8. 凡是发生烟雾、有毒气体和有臭味气体的实验，均应在通风橱内进行。橱门应紧闭，非必要时不能打开。

9. 用实验动物进行实验时，不许戏弄动物。进行杀死或解剖等操作，必须按照规定方法进行。绝对不能用动物、手术器械或药物开玩笑。

10. 使用贵重仪器如分析天平、比色计、分光光度计、酸度计、冷冻离心机、层析设备等，应十分重视，加倍爱护。使用前，应熟知使用方法。若有问题，随时请指导实验的教师解答。使用时，要严格遵守操作规程。发生故障时，应立即关闭仪器，请告知管理人员，不得擅自拆修。

11. 一般容量仪器的容积都是在 20℃下校准的。使用时如温度差异在 5℃以内，容积改变不大，可以忽略不计。

二、常用缓冲液的配制

常用的某些缓冲液列在附表 1 中。绝大多数缓冲液的有效范围在其 pK_a 值 1 个左右 pH 单位。

附表 1　常用缓冲液的 pK_a

缓冲液	pK_{a1}	pK_{a2}	pK_{a3}
磷酸	2.1	7.2	12.3
柠檬酸	3.1	4.8	5.4
碳酸	6.4	10.3	—
乙酸	4.8	—	—
巴比妥酸	3.4	—	—
Tris（三羟甲基氨基甲烷）	8.3	—	—

选择实验的缓冲系统时，要特别慎重。因为影响实验结果的因素有时并不是缓冲液的 pH，而是缓冲液中的某种离子。选用下列缓冲系统时应加以注意。

（1）硼酸盐　该化合物能与许多化合物（如糖）生成复合物。

（2）柠檬酸盐　柠檬酸离子能与 Ca^{2+} 结合，因此不能在 Ca^{2+} 存在时使用。

（3）磷酸盐　它可能在一些实验中作为酶的抑制剂甚至代谢物起作用。重金属离子能与此溶液生成磷酸盐沉淀，而且它在 pH 为 7.5 以上的缓冲能力很小。

（4）Tris　这个缓冲液能在重金属离子存在时使用，但也可能在一些系统中起抑制剂的作用。它的主要缺点是温度效应（此点常被忽视）。室温时 pH 7.8 的 Tris 缓冲液在 4℃时的 pH 为 8.4，在 37℃时的 pH 为 7.4，因此一种物质在 4℃制备时到 37℃测量时其氢离子浓度可增加 10 倍之多。Tris 在 pH 为 7.5 以下的缓冲能力很弱。

由一定物质所组成的溶液，在加入一定量的酸或碱时，其氢离子浓度改变甚微或几乎不变，此种溶液称为缓冲液，这种作用称为缓冲作用，其溶液内所含物质称为缓冲剂。缓冲剂的组成，多为弱酸及这种弱酸与强碱所组成的盐，或弱碱及这种弱碱与强酸所组成的盐。调节二者的比例可以配制成各种 pH 的缓冲液。

1. 0.05 mol/L 甘氨酸 –HCl 缓冲液

50 mL 0.2 mol/L 甘氨酸溶液 + x mL 0.2 mol/L HCl 溶液，再加水稀释至 200 mL（附表 2）。

甘氨酸相对分子质量为 75.07，0.2 mol/L 甘氨酸溶液含 15.0 g/L。

附表 2　不同 pH 甘氨酸 – 盐酸缓冲液的配制

pH	0.2 mol/L 甘氨酸溶液 /mL	0.2 mol/L HCl 溶液 /mL	pH	0.2 mol/L 甘氨酸溶液 /mL	0.2 mol/L HCl 溶液 /mL
2.2	50	44.0	3.0	50	11.4
2.4	50	32.4	3.2	50	8.2
2.6	50	24.2	3.4	50	6.4
2.8	50	16.8	3.6	50	5.0

2. 0.05 mol/L 邻苯二甲酸氢钾 –HCl 缓冲液

5 mL 0.2 mol/L 邻苯二甲酸氢钾溶液 + x mL 0.2 mol/L HCl 溶液，再加水稀释至 200 mL（附表 3）。

邻苯二甲酸氢钾相对分子质量为 204.23，0.2 mol/L 邻苯二甲酸氢钾溶液含 40.85 g/L。

附表 3　20℃下不同 pH 邻苯二甲酸 – 盐酸缓冲液的配制

pH（20℃）	0.2 mol/L 邻苯二甲酸氢钾溶液 /mL	0.2 mol/L HCl 溶液 /mL	pH（20℃）	0.2 mol/L 邻苯二甲酸氢钾溶液 /mL	0.2 mol/L HCl 溶液 /mL
2.2	5	4.670	3.2	5	1.470
2.4	5	3.960	3.4	5	0.990
2.6	5	3.295	3.6	5	0.557
2.8	5	2.642	3.8	5	0.263
3.0	5	2.032			

3. 磷酸氢二钠 – 柠檬酸缓冲液（附表 4）

Na_2HPO_4 相对分子质量为 141.98；0.2 mol/L Na_2HPO_4 溶液含 28.40 g/L。

$Na_2HPO_4 \cdot 2H_2O$ 相对分子质量为178.05；0.2 mol/L $Na_2HPO_4 \cdot 2H_2O$ 溶液含 35.61 g/L。

柠檬酸（$C_6H_8O_7 \cdot H_2O$）相对分子质量为 210.14；0.1 mol/L $C_6H_8O_7 \cdot H_2O$ 溶液含 211.01 g/L。

附表 4　不同 pH 磷酸氢二钠 – 柠檬酸缓冲液的配制

pH	0.2 mol/L Na_2HPO_4 溶液 /mL	0.1 mol/L 柠檬酸溶液 /mL	pH	0.2 mol/L Na_2HPO_4 溶液 /mL	0.1 mol/L 柠檬酸溶液 /mL
2.2	0.40	19.60	5.2	10.72	9.28
2.4	1.74	18.76	5.4	11.15	8.85
2.6	2.18	17.82	5.6	11.60	8.40
2.8	3.17	16.83	5.8	12.09	7.91
3.0	4.11	15.89	6.0	12.63	7.37
3.2	4.94	15.06	6.2	13.22	6.78
3.4	5.70	14.30	6.4	13.85	6.15
3.6	6.44	13.56	6.6	14.55	5.45
3.8	7.10	12.90	6.8	15.45	4.55
4.0	7.71	12.29	7.0	16.47	3.53
4.2	8.28	11.72	7.2	17.39	2.61
4.4	8.82	11.18	7.4	18.17	1.83
4.6	9.38	10.62	7.6	18.73	1.27
4.8	9.86	10.14	7.8	19.15	0.85
5.0	10.30	9.70	8.0	19.45	0.55

4. 柠檬酸 –NaOH–HCl 缓冲液

使用时可以每升加入 1 g 酚，若最后 pH 有变化，再用少量 500 g/L NaOH 溶液和浓 HCl 调解，冰箱保存（附表 5）。

附表 5　不同 pH 柠檬酸 –NaOH–HCl 缓冲液的配制

pH	Na^+ 浓度 /（$mol \cdot L^{-1}$）	柠檬酸 /g	NaOH/g（97%）	浓 HCl/mL	最终体积 /L
2.2	0.20	210	84	160	10
3.1	0.20	210	83	116	10
3.3	0.20	210	83	106	10
4.3	0.20	210	83	45	10
5.3	0.35	245	144	68	10
5.8	0.45	285	186	105	10
6.5	0.38	266	156	126	10

5. 0.1 mol/L 柠檬酸 – 柠檬酸钠缓冲液（附表 6）

柠檬酸相对分子质量为 210.14；0.1 mol/L 柠檬酸溶液含 21.01 g/L。

柠檬酸钠相对分子质量为 294.12；0.1 mol/L 柠檬酸钠溶液含 29.41 g/L。

附表 6　不同 pH 柠檬酸 – 柠檬酸钠缓冲液的配制

pH	0.1 mol/L 柠檬酸溶液 /mL	0.1 mol/L 柠檬酸钠溶液 /mL	pH	0.1 mol/L 柠檬酸溶液 /mL	0.1 mol/L 柠檬酸钠溶液 /mL
3.0	18.6	1.4	5.0	8.2	11.8
3.2	17.2	2.8	5.2	7.3	12.7
3.4	16.0	4.0	5.4	6.4	13.6
3.6	14.9	5.1	5.6	5.5	14.5
3.8	14.0	6.0	5.8	4.7	15.3
4.0	13.1	6.9	6.0	3.8	16.2
4.2	12.3	7.7	6.2	2.8	17.2
4.4	11.4	8.6	6.4	2.0	18.0
4.6	10.3	9.7	6.6	1.4	18.6
4.8	9.2	10.8			

6. 0.2 mol/L 乙酸（HAc）– 乙酸钠（NaAc）缓冲液（附表 7）

NaAc · $2H_2O$ 相对分子质量为 136.09，0.2 mol/L NaAc · $2H_2O$ 溶液含 27.22 g/L。

附表 7　不同 pH 乙酸 – 乙酸钠缓冲液的配制

pH	0.2 mol/L NaAc 溶液 /mL	0.2 mol/L HAc 溶液 /mL	pH	0.2 mol/L NaAc 溶液 /mL	0.2 mol/L HAc 溶液 /mL
3.7	10.0	90.0	4.8	59.0	41.0
3.8	12.0	88.0	5.0	70.0	30.0
4.0	18.0	82.0	5.2	79.0	21.0
4.2	26.5	73.5	5.4	86.0	14.0
4.4	37.0	63.0	5.6	91.0	9.0
4.6	49.0	51.0	5.8	94.0	6.0

7. 磷酸盐缓冲液

（1）0.2 mol/L 磷酸氢二钠 – 磷酸二氢钠缓冲液（附表 8）

$Na_2HPO_4 \cdot 2H_2O$ 相对分子质量为 178.05；0.2 mol/L $Na_2HPO_4 \cdot 2H_2O$ 溶液含 35.61 g/L。

$Na_2HPO_4 \cdot 12H_2O$ 相对分子质量为 358.22；0.2 mol/L $Na_2HPO_4 \cdot 12H_2O$ 溶液含 71.64 g/L。

$NaH_2PO_4 \cdot H_2O$ 相对分子质量为 138.01；0.2 mol/L $NaH_2PO_4 \cdot H_2O$ 溶液含 27.6 g/L。

$NaH_2PO_4 \cdot 2H_2O$ 相对分子质量为 156.03；0.2 mol/L $NaH_2PO_4 \cdot 2H_2O$ 溶液含 31.21 g/L。

附表 8　不同 pH 磷酸氢二钠－磷酸二氢钠缓冲液的配制

pH	0.2 mol/L Na_2HPO_4 溶液 /mL	0.2 mol/L NaH_2PO_4 溶液 /mL	pH	0.2 mol/L Na_2HPO_4 溶液 /mL	0.2 mol/L NaH_2PO_4 溶液 /mL
5.8	8.0	92.0	7.0	61.0	39.0
5.9	10.0	90.0	7.1	67.0	33.0
6.0	12.3	87.7	7.2	72.0	28.0
6.1	15.0	85.0	7.3	77.0	23.0
6.2	18.5	81.5	7.4	81.0	19.0
6.3	22.5	77.5	7.5	84.0	16.0
6.4	26.5	73.5	7.6	87.0	13.0
6.5	31.5	68.5	7.7	89.5	10.5
6.6	37.5	62.5	7.8	91.5	8.5
6.7	43.5	56.5	7.9	93.0	7.0
6.8	49.0	51.0	8.0	94.7	5.3
6.9	55.0	45.0			

（2）1/15 mol/L 磷酸氢二钠－磷酸二氢钾缓冲液（附表 9）

$Na_2HPO_4 \cdot 2H_2O$ 相对分子质量为 178.05；1/15 mol/L $Na_2HPO_4 \cdot 2H_2O$ 溶液含 11.870 g/L。

KH_2PO_4 相对分子质量为 136.09；1/15 mol/L KH_2PO_4 溶液含 9.078 g/L。

附表 9　不同 pH 磷酸氢二钠－磷酸二氢钾缓冲液的配制

pH	1/15 mol/L Na_2HPO_4 溶液 /mL	1/15 mol/L KH_2PO_4 溶液 /mL	pH	1/15 mol/L Na_2HPO_4 溶液 /mL	1/15 mol/L KH_2PO_4 溶液 /mL
4.02	0.10	9.90	7.17	7.00	3.00
5.29	0.50	9.50	7.38	8.00	2.00
5.91	1.00	9.00	7.73	9.00	1.00
6.24	2.00	8.00	8.04	9.50	0.50
6.47	3.00	7.00	8.34	9.75	0.25
6.64	4.00	6.00	8.67	9.99	0.10
6.81	5.00	5.00	8.18	10.00	0
6.98	6.00	4.00			

8. KH_2PO_4–NaOH 缓冲液（pH 5.8 ~ 8.0）

50 mL 0.1 mol/L KH_2PO_4 溶液（13.6 g/L）+ x mL 0.1 mol/L NaOH 溶液，加水稀释至 100 mL（附表 10）。

附表 10　不同 pH KH_2PO_4-NaOH 缓冲液的配制

pH	0.1 mol/L KH_2PO_4 溶液 /mL	0.1 mol/L NaOH 溶液 /mL	pH	0.1 mol/L KH_2PO_4 溶液 /mL	0.1 mol/L NaOH 溶液 /mL
5.8	50	3.6	7.0	50	29.1
5.9	50	4.6	7.1	50	32.1
6.0	50	5.6	7.2	50	34.7
6.1	50	6.8	7.3	50	37.0
6.2	50	8.1	7.4	50	39.1
6.3	50	9.7	7.5	50	40.9
6.4	50	11.6	7.6	50	42.4
6.5	50	13.9	7.7	50	43.5
6.6	50	16.4	7.8	50	44.5
6.7	50	19.3	7.9	50	45.3
6.8	50	22.4	8.0	50	46.1
6.9	50	25.9			

9. 巴比妥钠 -HCl 缓冲液（18℃，附表 11）

巴比妥钠相对分子质量为206.18；0.04 mol/L 巴比妥钠溶液含 8.25 g/L。

附表 11　不同 pH 巴比妥钠 -HCl 缓冲液的配制

pH	0.04 mol/L 巴比妥钠溶液 /mL	0.2 mol/L HCl 溶液 /mL	pH	0.04 mol/L 巴比妥钠溶液 /mL	0.2 mol/L HCl 溶液 /mL
6.8	100	18.40	8.4	100	5.21
7.0	100	17.80	8.6	100	3.82
7.2	100	16.70	8.8	100	2.52
7.4	100	15.30	9.0	100	1.65
7.6	100	13.40	9.2	100	1.13
7.8	100	11.47	9.4	100	0.70
8.0	100	9.36	9.6	100	0.35
8.2	100	7.21			

10. 0.05 mol/L Tris-HCl 缓冲液（25℃）

50 mL 0.1 mol/L 三羟甲基氨基甲烷（Tris）溶液与 x mL 0.1 mol/L HCl 溶液混匀后，加水稀释至 100 mL（附表 12）。

三羟甲基氨基甲烷（Tris）相对分子质量为121.4；0.1 mol/L Tris 溶液含 12.114 g/L。

Tris 溶液可从空气中吸收二氧化碳，使用后注意将瓶密封。

附表 12　不同 pH Tris-HCl 缓冲液的配制

pH	0.1 mol/L Tris 溶液 /mL	0.1 mol/L HCl /mL	pH	0.1 mol/L Tris 溶液 /mL	0.1 mol/L HCl /mL
7.1	50	45.7	8.1	50	26.2
7.2	50	44.7	8.2	50	22.9
7.3	50	43.4	8.3	50	19.9
7.4	50	42.0	8.4	50	17.2
7.5	50	40.3	8.5	50	14.7
7.6	50	38.5	8.6	50	12.4
7.7	50	36.6	8.7	50	10.3
7.8	50	34.5	8.8	50	8.5
7.9	50	32.0	8.9	50	7.0
8.0	50	29.2			

11. 硼酸 – 硼砂缓冲液（0.2 mol/L 硼酸根，附表 13）

硼砂（$Na_2B_4O_7 \cdot 10H_2O$）相对分子质量为 381.43；0.05 mol/L 硼砂溶液含 19.07 g/L。

硼酸（H_3BO_3）相对分子质量为61.84；0.2 mol/L 硼酸溶液含 12.37 g/L。

硼砂易失去结晶水，必须用带塞的瓶密封。

附表 13　不同 pH 硼酸 – 硼砂缓冲液的配制

pH	0.05 mol/L 硼砂溶液 /mL	0.2 mol/L 硼酸溶液 /mL	pH	0.05 mol/L 硼砂溶液 /mL	0.2 mol/L 硼酸溶液 /mL
7.4	1.0	9.0	8.2	3.5	6.5
7.6	1.5	8.5	8.4	4.5	5.5
7.8	2.0	8.0	8.7	6.0	4.0
8.0	3.0	7.0	9.0	8.0	2.0

12. 0.05 mol/L 甘氨酸 –NaOH 缓冲液

50 mL 0.2 mol/L 甘氨酸溶液 + x mL 0.2 mol/L NaOH 溶液，加水稀释至 200 mL（附表 14）。

甘氨酸相对分子质量为75.07；0.02 mol/L 甘氨酸溶液含 15.01 g/L。

附表 14　不同 pH 甘氨酸 –NaOH 缓冲液的配制

pH	0.2 mol/L 甘氨酸溶液 /mL	0.2 mol/L NaOH 溶液 /mL	pH	0.2 mol/L 甘氨酸溶液 /mL	0.2 mol/L NaOH 溶液 /mL
8.6	50	4.0	9.6	50	22.4
8.8	50	6.0	9.8	50	27.4
9.0	50	8.8	10.0	50	32.0

续表

pH	0.2 mol/L 甘氨酸溶液 /mL	0.2 mol/L NaOH 溶液 /mL	pH	0.2 mol/L 甘氨酸溶液 /mL	0.2 mol/L NaOH 溶液 /mL
9.2	50	12.0	10.4	50	38.6
9.4	50	16.8	10.6	50	45.5

13. 硼砂 –NaOH 缓冲液（0.05 mol/L 硼酸根）

50 mL 0.05 mol/L 硼砂溶液 + *x* mL 0.2 mol/L NaOH 溶液，加水稀释至 200 mL（附表 15）。

硼砂（$Na_2B_4O_7 \cdot 10H_2O$）相对分子质量为381.43；0.05 mol/L 硼砂溶液含 19.07 g/L。

附表 15　不同 pH 硼砂 –NaOH 缓冲液的配制

pH	0.05 mol/L 硼砂溶液 /mL	0.2 mol/L NaOH 溶液 /mL	pH	0.05 mol/L 硼砂溶液 /mL	0.2 mol/L NaOH 溶液 /mL
9.3	50	6.0	9.8	50	34.0
9.4	50	11.0	10.0	50	43.0
9.6	50	23.0	10.1	50	46.0

14. 0.1 mol/L Na_2CO_3–$NaHCO_3$ 缓冲液（附表 16）

Ca^{2+}、Mg^{2+} 存在时不得使用。

$Na_2CO_3 \cdot 10H_2O$ 相对分子质量为 286.2；0.1 mol/L $Na_2CO_3 \cdot 10H_2O$ 溶液含 28.62 g/L。

$NaHCO_3$ 相对分子质量为84.0；0.1 mol/L $NaHCO_3$ 溶液含 8.40 g/L。

附表 16　不同温度和 pH 下 Na_2CO_3–$NaHCO_3$ 缓冲液的配制

pH		0.1 mol/L Na_2CO_3 溶液 /mL	0.1 mol/L $NaHCO_3$ 溶液 /mL
20℃	30℃		
9.16	8.77	1	9
9.40	9.12	2	8
9.51	9.40	3	7
9.78	9.50	4	6
9.90	9.72	5	5
10.14	9.90	6	4
10.28	10.08	7	3
10.53	10.28	8	2
10.83	10.57	9	1

三、核酸电泳相关试剂及缓冲液的配制

1. Tris- 乙酸 -EDTA 缓冲液（50×TAE buffer，pH 8.5）

组分浓度：2 mmol/L Tris- 乙酸缓冲液，100 mmol/L EDTA 缓冲液。

配制方法：

（1）称量 Tris 242 g、EDTA-2Na 37.2 g，置于 1 L 烧杯中。

（2）向烧杯中加入约 800 mL 去离子水，充分搅拌溶解。

（3）加入 57.1 mL 的乙酸，充分搅拌。

（4）加入去离子水将溶液定容至 1 L，室温保存。

2. Tris- 硼酸 -EDTA 缓冲液（10×TBE buffer，pH 8.3）

组分浓度：2 mmol/L Tris- 硼酸缓冲液，20 mmol/L EDTA 缓冲液。

配制方法：

（1）称量 Tris 108 g、EDTA-2Na 7.44 g、硼酸 55 g，置于 1 L 烧杯中。

（2）向烧杯中加入约 800 mL 去离子水，充分搅拌溶解。

（3）加入去离子水将溶液定容至 1 L，室温保存。

3. DNA 电泳上样缓冲液（6×loading buffer）

组分浓度：30 mmol/L EDTA 缓冲液，360 g/L 甘油（glycerol）溶液，0.5 g/L 二甲苯腈蓝溶液，0.5 g/L 溴酚蓝溶液。

配制方法：

（1）称量 EDTA 4.4 g、溴酚蓝 250 mg、二甲苯腈蓝 250 mg，置于 500 mL 烧杯中。

（2）向烧杯中加入约 200 mL 去离子水，加热充分搅拌溶解。

（3）加入约 180 mL 的甘油后，用 2 mol/L NaOH 溶液调 pH 至 7.0。

（4）用去离子水将溶液定容至 500 mL，室温保存。

4. RNA 电泳上样缓冲液（10×loading buffer）

组分浓度：10 mmol/L EDTA 缓冲液，500 g/L 甘油溶液，2.5 g/L 二甲苯腈蓝溶液，2.5 g/L 溴酚蓝溶液。

配制方法：

（1）称量 0.5 mol/L EDTA 缓冲液 200 μL、溴酚蓝 25 mg、二甲苯腈蓝 25 mg，置于 10 mL 离心管中。

（2）向离心管中加入约 4 mL DEPC 处理水，充分搅拌溶解。

（3）加入约 5 mL 的甘油后，充分混匀。

（4）用 DEPC 处理水定容至 10 mL，室温保存。

四、蛋白质电泳相关试剂及缓冲液的配制

1. SDS-PAGE 电泳缓冲液（5×Tris- 甘氨酸缓冲液）

组分浓度：0.125 mol/L Tris 溶液，1.25 mol/L 甘氨酸溶液，5 g/L 十二烷基硫酸钠（SDS）溶液。

配制方法：

（1）称量 Tris 15.1 g、甘氨酸 94 g、SDS 5.0 g，置于 1 L 烧杯中。

（2）加入约 800 mL 去离子水，搅拌溶解。

（3）加入去离子水将溶液定容至 1 L，室温保存。

2. 蛋白质上样缓冲液（5×SDS-PAGE loading buffer）

组分浓度：250 mmol/L Tris-HCl 缓冲液（pH 6.8），100 g/L SDS 溶液，5 g/L 溴酚蓝溶液，500 g/L β- 巯基乙醇溶液（2-ME）。

配制方法：

（1）称量 1 mol/L Tris-HCl 缓冲液（pH 6.8）1.25 mL、SDS 0.5 g、溴酚蓝 25 mg、甘油 2.5 mL，置于 10 mL 离心管中。

（2）加去离子水溶解后，定容至 5 mL。

（3）小份（每份 500 μL）分装后，置于室温保存。

（4）使用前将 25 μL 的 2-ME 加到每小份中。

（5）加入 2-ME 的上样缓冲液可在室温下保存一个月左右。

3. SDS-PAGE 浓缩胶［5% 丙烯酰胺（acrylamide）］配方（附表 17）

附表 17　SDS-PAGE 浓缩胶配方表

各种组分名称	各种凝胶体积所对应的各种组分的取样量 /mL							
	1	2	3	4	5	6	8	10
H_2O	0.68	1.40	2.10	2.70	3.40	4.10	5.50	6.80
30% 丙烯酰胺	0.17	0.33	0.50	0.67	0.83	1.00	1.30	1.70
1.0 mol/L Tris-HCl 缓冲液（pH 6.8）	0.13	0.25	0.38	0.50	0.63	0.75	1.00	1.25
100 g/L SDS 溶液	0.01	0.02	0.03	0.04	0.05	0.06	0.08	0.10
100 g/L 过硫酸铵溶液	0.01	0.02	0.03	0.04	0.05	0.06	0.08	0.10
TEMED	0.001	0.002	0.003	0.004	0.005	0.006	0.008	0.010

4. SDS-PAGE 分离胶配方（附表 18）

附表 18　SDS-PAGE 分离胶配方表

各种组分名称	各种凝胶体积所对应的各种组分的取样量 /mL							
	5	10	15	20	25	30	40	50
6% 凝胶								
H_2O	2.6	5.3	7.9	10.6	13.2	15.9	21.2	26.5
30% 丙烯酰胺	1.0	2.0	3.0	4.0	5.0	6.0	8.0	10.0
1.5 mol/L Tris-HCl 缓冲液（pH 8.8）	1.3	2.5	3.8	5.0	6.3	7.5	10.0	12.5
100 g/L SDS 溶液	0.05	0.10	0.15	0.20	0.25	0.30	0.40	0.50
100 g/L 过硫酸铵溶液	0.05	0.10	0.15	0.20	0.25	0.30	0.40	0.50
TEMED	0.004	0.008	0.012	0.016	0.020	0.024	0.032	0.040

续表

各种组分名称	各种凝胶体积所对应的各种组分的取样量 /mL							
	5	10	15	20	25	30	40	50
8% 凝胶								
H_2O	2.3	4.6	6.9	9.3	11.5	13.9	18.5	23.2
30% 丙烯酰胺	1.3	2.7	4.0	5.3	6.7	8.0	10.7	13.3
1.5 mol/L Tris–HCl 缓冲液（pH 8.8）	1.3	2.5	3.8	5.0	6.3	7.5	10.0	12.5
100 g/L SDS 溶液	0.05	0.10	0.15	0.20	0.25	0.30	0.40	0.50
100 g/L 过硫酸铵溶液	0.05	0.10	0.15	0.20	0.25	0.30	0.40	0.50
TEMED	0.003	0.006	0.009	0.012	0.015	0.018	0.024	0.030
10% 凝胶								
H_2O	1.9	4.0	5.9	7.9	9.9	11.9	15.9	19.8
30% 丙烯酰胺	1.7	3.3	5.0	6.7	8.3	10.0	13.3	16.7
1.5 mol/L Tris–HCl 缓冲液（pH 8.8）	1.3	2.5	3.8	5.0	6.3	7.5	10.0	12.5
100 g/L SDS 溶液	0.05	0.10	0.15	0.20	0.25	0.30	0.40	0.50
100 g/L 过硫酸铵溶液	0.05	0.10	0.15	0.20	0.25	0.30	0.40	0.50
TEMED	0.002	0.004	0.006	0.008	0.010	0.012	0.016	0.020
12% 凝胶								
H_2O	1.6	3.3	4.9	6.6	8.2	9.9	13.2	16.5
30% 丙烯酰胺	2.0	4.0	6.0	8.0	10.0	12.0	16.0	20.0
1.5 mol/L Tris–HCl 缓冲液（pH 8.8）	1.3	2.5	3.8	5.0	6.3	7.5	10.0	12.5
100 g/L SDS 溶液	0.05	0.10	0.15	0.20	0.25	0.30	0.40	0.50
100 g/L 过硫酸铵溶液	0.05	0.10	0.15	0.20	0.25	0.30	0.40	0.50
TEMED	0.002	0.004	0.006	0.008	0.010	0.012	0.016	0.020
15% 凝胶								
H_2O	1.1	2.3	3.4	4.6	5.7	6.9	9.2	11.5
30% 丙烯酰胺	2.5	5.0	7.5	10.0	12.5	15.0	20.0	25.0
1.5 mol/L Tris–HCl 缓冲液（pH 8.8）	1.3	2.5	3.8	5.0	6.3	7.5	10.0	12.5
100 g/L SDS 溶液	0.05	0.10	0.15	0.20	0.25	0.30	0.40	0.50
100 g/L 过硫酸铵溶液	0.05	0.10	0.15	0.20	0.25	0.30	0.40	0.50
TEMED	0.002	0.004	0.006	0.008	0.010	0.012	0.016	0.020

5. PAGE 凝胶配方（核酸电泳用，附表 19）

附表 19　PAGE 凝胶配方表

胶浓度及各种组分	各种凝胶体积所对应的各种组分的取样量 /mL							
	15	20	25	30	40	50	80	100
3.5% 凝胶								
H_2O	10.2	13.5	16.9	20.3	27.1	33.9	54.2	67.7
30% 丙烯酰胺	1.7	2.3	2.9	3.5	4.6	5.8	9.3	11.6
5 × TBE 缓冲液	3.0	4.0	5.0	6.0	8.0	10.0	16.0	20.0
100 g/L 过硫酸铵溶液	0.11	0.14	0.18	0.21	0.28	0.35	0.56	0.70
TEMED	0.010	0.013	0.016	0.020	0.026	0.033	0.052	0.065
5% 凝胶								
H_2O	9.4	12.5	15.7	18.8	25.1	31.4	50.2	62.7
30% 丙烯酰胺	2.5	3.3	4.2	5.0	6.6	8.3	13.3	16.6
5 × TBE 缓冲液	3.0	4.0	5.0	6.0	8.0	10.0	16.0	20.0
100 g/L 过硫酸铵溶液	0.11	0.14	0.18	0.21	0.28	0.35	0.56	0.70
TEMED	0.010	0.013	0.016	0.020	0.026	0.033	0.052	0.065
8% 凝胶								
H_2O	7.9	10.5	13.2	15.8	21.1	26.4	42.2	52.7
30% 丙烯酰胺	4.0	5.3	6.7	8.0	10.6	13.3	21.3	26.6
5 × TBE 缓冲液	3.0	4.0	5.0	6.0	8.0	10.0	16.0	20.0
100 g/L 过硫酸铵溶液	0.11	0.14	0.18	0.21	0.28	0.35	0.56	0.70
TEMED	0.010	0.013	0.016	0.020	0.026	0.033	0.052	0.065
12% 凝胶								
H_2O	5.9	7.9	9.8	11.8	15.7	19.7	31.4	39.3
30% 丙烯酰胺	6.0	8.0	10.0	12.0	16.0	20.0	32.0	40.0
5 × TBE 缓冲液	3.0	4.0	5.0	6.0	8.0	10.0	16.0	20.0
100 g/L 过硫酸铵溶液	0.11	0.14	0.18	0.21	0.28	0.35	0.56	0.70
TEMED	0.010	0.013	0.016	0.020	0.026	0.033	0.052	0.065
20% 凝胶								
H_2O	1.9	2.5	3.2	3.8	5.1	6.4	10.2	12.7
30% 丙烯酰胺	10.0	13.3	16.7	20.0	26.6	33.3	53.3	66.6
5 × TBE 缓冲液	3.0	4.0	5.0	6.0	8.0	10.0	16.0	20.0
100 g/L 过硫酸铵溶液	0.11	0.14	0.18	0.21	0.28	0.35	0.56	0.70
TEMED	0.010	0.013	0.016	0.020	0.026	0.033	0.052	0.065

五、硫酸铵溶液饱和度计算表

1. 调整硫酸铵溶液饱和度计算表（25℃，附表 20）

附表 20　调整硫酸铵溶液饱和度计算表（25℃）

		硫酸铵终浓度（饱和度）/%																
		10	20	25	30	33	35	40	45	50	55	60	65	70	75	80	90	100
		每升溶液加固体硫酸铵的克数①																
硫酸铵初浓度（饱和度）/%	0	56	114	144	176	196	209	243	277	313	351	390	430	472	516	561	662	707
	10		57	86	118	137	150	183	216	251	288	326	365	406	449	494	592	694
	20			29	59	78	91	123	155	189	225	262	300	340	382	424	520	619
	25				30	49	61	93	125	158	193	230	267	307	348	390	485	583
	30					19	30	62	94	127	162	198	235	273	314	356	449	546
	33						12	43	74	107	142	177	214	252	292	333	426	522
	35							31	63	94	129	164	200	238	278	319	411	506
	40								31	63	97	132	168	205	245	285	375	469
	45									32	65	99	134	171	210	250	339	431
	50										33	66	101	137	176	214	302	392
	55											33	67	103	141	179	264	353
	60												34	69	105	143	227	314
	65													34	70	107	190	275
	70														35	72	153	237
	75															36	115	198
	80																77	157
	90																	79

① 在 25℃下，硫酸铵溶液由初浓度调到终浓度时，每升溶液所加固体硫酸铵的克数。

2. 调整硫酸铵溶液饱和度计算表（0℃，附表 21）

附表 21　调整硫酸铵溶液饱和度计算表（0℃）

		硫酸铵终浓度（饱和度）/%																
		20	25	30	35	40	45	50	55	60	65	70	75	80	85	90	95	100
		每 100 mL 溶液加固体硫酸铵的克数[1]																
硫酸铵初浓度（饱和度）/%	0	10.6	13.4	16.4	19.4	22.6	25.8	29.1	32.6	36.1	39.8	43.6	47.6	51.6	55.9	60.3	65.0	69.7
	5	7.9	10.8	13.7	16.6	19.7	22.9	26.2	29.6	33.1	36.8	40.5	44.4	48.4	52.6	57.0	61.5	66.2
	10	5.3	8.1	10.9	13.9	16.9	20.0	23.3	26.1	30.1	33.7	37.4	41.2	45.2	49.3	53.6	58.1	62.7
	15	2.6	5.4	8.2	11.1	14.1	17.2	20.4	23.7	27.1	30.6	34.3	38.1	42.0	46.0	50.3	54.7	59.2
	20	0	2.7	5.5	8.3	11.3	14.3	17.5	20.7	24.1	27.6	31.2	34.9	38.7	42.7	46.9	51.2	55.7
	25		0	2.7	5.6	8.4	11.5	14.6	17.9	21.1	24.5	28.0	31.7	35.5	39.5	43.6	47.8	52.2
	30			0	2.8	5.6	8.6	11.7	14.8	18.1	21.4	24.9	28.5	32.3	36.2	40.2	44.5	48.8
	35				0	2.8	5.7	8.7	11.8	15.1	18.4	21.8	25.4	29.1	32.9	36.9	41.0	45.3
	40					0	2.9	5.8	8.9	12.0	15.3	18.7	22.2	25.8	29.6	33.5	37.6	41.8
	45						0	2.9	5.9	9.0	12.3	15.6	19.0	22.6	26.3	30.2	34.2	38.3
	50							0	3.0	6.0	9.2	12.5	15.9	19.4	23.0	26.8	30.8	34.8
	55								0	3.0	6.1	9.3	12.7	16.1	19.7	23.5	27.3	31.3
	60									0	3.1	6.2	9.5	12.9	16.4	20.1	23.1	27.9
	65										0	3.1	6.3	9.7	13.2	16.8	20.5	24.4
	70											0	3.2	6.6	9.9	13.4	17.1	20.9
	75												0	3.2	6.6	10.1	13.7	17.4
	80													0	3.3	6.7	10.3	13.9
	85														0	3.4	6.8	10.5
	90															0	3.4	7.0
	95																0	3.5
	100																	0

① 在 0℃下，硫酸铵溶液由初浓度调到终浓度时，每 100 mL 溶液所加固体硫酸铵的克数。